なんでそうなの

札幌のカラス

中村眞樹子

はじめに

ススキノ朝6時

日本の三大繁華街の一つ、夜の街ススキノ。でも私がススキノに向かうのは毎朝6時です。

ちょうど地下鉄が動き始めるころで、週末の朝ともなれば人であふれかえります。夏だと、歩道やビルの入り口で寝入っている人もいます。ケンカをして警察に連れて行かれる人、飲み過ぎて救急車で運ばれる人も。

おや、歩道の脇に座り込んで具合悪そうにしている女の人がいます。「その瞬間」を、街路樹の上から今か今かと待ち構えている黒い鳥。それが「スカベンジャー」、すなわち街の掃除屋さんの異名を持つカラスです。

ススキノにカラスがこんなにたくさん集まるのは朝だけです。昔はススキノもゴミの管理が悪く、カラスが始終集まってきていましたが、今はビルごとに個別管理、回収もすべて個別回収になって、住宅街のように歩道にゴミ

ステーションを設置することはできません。

　私が朝のススキノに通うようになって2年ほどが経ちました。ある時、たくさんのハシブトガラスが、道路に止まっているゴミ回収車に熱い視線を浴びせている場面に遭遇しました。回収係の人たちがゴミを分別している隙を狙って、ごちそうをゲットしようとしているのです。

　このカラスたちは、不思議と警戒の素振りを見せません。普通なら、ゴミ回収にカラスが集まってくると係の人に追い払われてしまいますが、この回収車の担当者は一切手出しをせず、知らん顔をしています。これならカラスも安心してごちそうにありつけます。もっとも、最大で60羽ほど集まるカラスのうち、食べ物をゲットできるのは1割程度ですが。こうした光景が見られるのは全国でもここススキノぐらいらしく、道外から訪れるカラス研究者たちを驚かせています。

　ちなみに、ゴミ回収車には「空き缶・空き瓶専門」「ダンボール専門」などいろいろな種類があり、さらに札幌市の指定業者と個人の業者によっても回収方法が違います。飲食店から出る排油の回収車の周りでは、カラスが大

喜びでこぼれた油をなめています。

この時間帯に毎日ススキノを通っている人は、「ススキノにはいつもすごい数のカラスが集まっている」と思うでしょう。逆に日中しか通らない人は、「ススキノって、意外にカラスが少ないな」と思うかもしれません。

私はこの18年ほど、都会に生きるカラスに魅せられ、ほぼ毎日札幌のカラスを観察しています。カラスは都会を代表する鳥なので、自然度が高い山野へ行ってもあまり見ることはできません。

人間の暮らしと密接にかかわり合うカラスの本当の姿を知り、頭の良いかれらの行動の理由を探り、上手に付き合っていけたら――。それが私の願いです。この本を読んで、知っているようで知らないカラスの賢さの秘密や生態の面白さを知っていただければ幸いです。

〈自己紹介〉

マキコ

カラス研究者
筋金入りのカラス好き
好きな色…黒
好きな飲み物…コーヒー

ボソ

(ハシボソガラス)
しわがれ声で鳴く
食べ物を見つけるのが上手
細かい作業が得意
おいしいものは小さくてもわかる

ブト

(ハシブトガラス)
森林などの込み入った場所が好き
細かい作業は苦手
くちばしが大きい
夜遊びをする

もくじ

i　きほん編

Q1

北海道には何種のカラスがいるの？

A 「ハシボソガラス」「ハシブトガラス」「ミヤマガラス」「コクマルガラス」「ワタリガラス」の5種のカラスがいます。

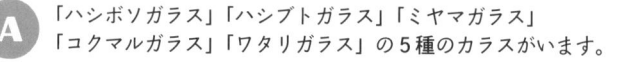

広い北海道には、いったい何種のカラスが暮らしているのでしょうか？　そもそもほとんどの人が、種を分けずに「カラス」としか認識していないことでしょう。でも、それは非常にもったいない話です。

北海道全域には、「ハシボソガラス」「ハシブトガラス」「ミヤマガラス」「コクマルガラス」「ワタリガラス」の5種のカラスがいます。一番多いのは、ハシボソガラス（通称ボソ）とハシブトガラス（ブト）です。あとの3種は越冬のために大陸から渡ってきますが、見られるのはまれです。

5種のうち、札幌ではワタリガラスを除く4種が見られます。ミヤマガラスとコクマルガラスの行動は、ボソに関係していると思われます。食性が似ているということもありますが、私が思うに、地域で人間の生活に密着して暮らしているボソについていけば安心安全で、食べ物にも困らないからでしょう。

越冬に必要な条件は、食べ物を確実に得られることと、安心して眠れることです。私たち人間でも、知らない土地へ行った時は地元住民の情報が頼りになりますね。そういう意味で、ボソは無料観光案内鳥と言えます。

では一番身近なハシボソガラスとハシブト

ガラスは、どのように見分ければいいでしょう。

ボソは「田舎ガラス」と言われることもあり、田園地帯のカラスというイメージがありますが、札幌という都会の中で真面目に生きている都会のカラスです。嘴《くちばし》からおでこのラインが滑らかで、嘴も細長く、細かい作業に向いている職人鳥です。地面や隙間に落ちている細かい食べ物を見つけて上手に食べています。

それに対してブトは「森林ガラス」と呼ばれ、込み入った場所を好むカラスです。嘴が大きく、おでこも盛り上がっています。ボソとは違って、ブトは細かい作業が苦手で、塊状の食べ物を見つけるのが得意です。

2種とも雑食性が強く、植物・昆虫・小動物など何でも食べます。このことからカラスたちは「スカベンジャー」と呼ばれています。スカベンジャーとは「掃除屋さん」という意味です。つまり、動物の死骸なども無駄にすることなく、きれいに食べて処理してくれる

越冬のため北海道にやってくる
コクマルガラスとミヤマガラス(下)

ありがたい存在なのです。

「ミヤマガラス」はどんな風貌なのでしょうか。見た目は黒いですが、嘴の付け根が白く、おでこはブトとは違った出っ張り方をしていて、シルエットだけでも十分に判別が可能です。ただし幼鳥の嘴の付け根は白くはなく、見た目はボソにそっくりです。

「コクマルガラス」は、「カラス＝真っ黒」というイメージを打ち破る色合いを持つおしゃれなカラスです。よく、「カラスも真っ黒じゃなきゃいいのにねぇ」なんてことを言われますが、このコクマルガラスはまさにそうした言葉にピッタリです。「黒と白」、もしくは「黒と灰色」のツートンカラーで、大きさはドバト程度の小型のカラスです。鳴き声もかわいらしく、「カァカァ・ガァガァ」ではなく「キャランキャラン」と鳴きます。一般的なカラスのイメージとは相当違いますね。

ちょっとやんちゃなハシブトガラス
（つがい）

札幌は、都会なのに季節によって4種類のカラスが見られるカラス天国なのです。

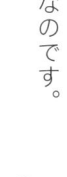

Q2

どんなところにいるの？

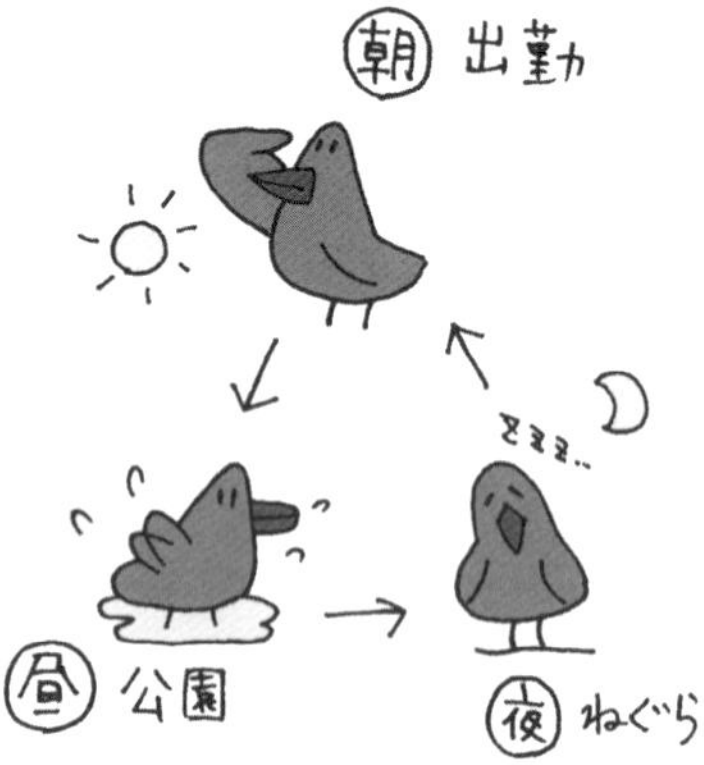

A どこにでもいると思われていますが、ちゃんとカラスルールがあります。

カラスは日本中、いつでもどこにでもいると思われていますが、本当にそうでしょうか？　毎日カラスを観察している私は、外を歩いていてカラスに出くわさないと不思議な気分になります。何気なく歩いているその場所も、縄張りにしているカラスがいるはずだからです。

繁殖期にそれに気付かずに歩いていると、縄張りの持ち主に頭を蹴られることがあります。一見、ただ自由に飛び回り、好きな場所にいるように思えても、目に見えないボーダーラインでいっぱいなのです。

190万都市札幌は、それなりに自然も残されていて、頭の良いカラスはそれらの環境をうまく利用して生活場所にしています。高層ビルでいっぱいの中心街もあれば、農地や人が住めないような山野もあります。私が主に観察しているのは都会に住んでいるカラスたちです。しかし野鳥であるカラスは、繁殖期を除けば一日いっぱい縄張りにとどまっているわけではなく、方々に移動しています。

中心街を例にとると、夜明け前のまだ暗い時間にカラスたちがねぐらから出勤してきます。そして道端のゴミやルールが守られていないゴミステーションに立ち寄ります。特にすすきののような繁華街では、ゴミ回収車が来る時間になるとカラスの数が一気に増えます。回収車にゴミが飲み込まれてしまうまでの一瞬の隙を狙って食べ物をとるのです。飲食店から回収される廃油回収車にも集まってきます。

この時間にしかすすきのを通らない人には、「すすきのは毎日真っ黒になるほどカラスが集まっている」と思うに違いありません。しかしこの真っ黒なカラス集団も、朝9時以降になると徐々に解散していなくなります。

すすきのに集まるカラスで面白いのは、早朝はブトが多くて日中はボソが多いということです。ボソ好きな人は、ぜひ日中のすすきのに見に来てください。私の場合は、カラスたちにすっかり顔を覚えられているので、頭を足で「ポン」とされることがあります。私の場合はうれしいのですが、知らない人が見ると「あの人、カラスに襲われている！」と思うでしょうね（笑）。


繁華街以外では、特に水辺にたくさん集まります。水辺には、カラス以外にもいろいろな野鳥が集まります。「カラスの行水」なんていう言葉がありますが、カラスはとてもきれい好きで、年中水浴びを欠かしません。更に冬になると「雪浴び」もしています。雪浴びは、積雪地域限定で、フワフワの新雪じゃないとやってくれません。街なかや街区公園のようなところだと、雪の表面がすぐに固まってしまうので気に入らないようです。

雪浴びに最も適しているのは河川敷です。札幌だと豊平川の河川敷に、多い時

すすきのの廃油回収車に集まる

には百羽単位で集まり、まさに「カラスの大浴場」です。カラスは水鳥ではないので、お腹が水に浸る程度の水深までしか入りません。そこで何度も何度も水浴びをして、その後勢いよく水から飛び出し、今度は雪の中に突進して雪浴びを始めます。

真冬だと、お腹の部分に小さな雪玉がつき、今度はそれを取りたいのか、再び川へ入って水浴びをします。これを何度も繰り返しています。鳥は体温が高いので、羽づくろいをしている時に湯気が出ることがあります。

札幌市内には広い畑はあまりありませんが、近郊に行くと畑や牧場があり、特に秋の収穫後にはたくさんのカラスが残滓《ざんし》を食べに来ています。街なかのゴミステーションに出されているカボチャやニンジンには見向きもしませんが、畑にあるものは好んで食べています。きっと甘くておいしいのでしょうね。

同じようにトウモロコシやトマトも大好きなので、収穫前に食べられてしまう家庭菜園の主や農家を悩ませます。しかし裏を返せば、その野菜がおいしいことを知っているから食べに来ているわけで、質の良い野菜を作っている証拠にもなります。

Q3

札幌には何羽すんでいるの？

A ねぐらのカラスを数えます。

「札幌市内には何羽のカラスがいるの？」「数は増えているんですか？」

こんな質問もよくされます。

実は木の本数を数えるようにはいかないのが、鳥類の生息数カウントです。自由に空を飛ぶ鳥を1羽1羽識別して点呼するというのは非現実的な話ですね。

北海道全域のカラスの生息数は不明ですが、東京都の一部などで研究者たちがカウントしているところもありますし、長野県の白馬にいる私の友人は、ずっと何年も一人で黙々と地元のカラスをカウントしています。

札幌では、1990年代半ばに北海道東海大学（当時）講師の竹中万紀子さんがカラスのねぐらを調べてカウントを始め、それを基盤に現在のカラスねぐらの把握ができるようになりました。当時と比べると、カラスのねぐらも相当変動があり、すでに面影さえない場所もあります。

「カラスの勝手でしょ？」という言葉がありますがまさにその通りで、カラスのねぐらの変動はいつも研究者を悩ませます。

なぜねぐらの話なのかというと、羽数を知るにはねぐらに集まるカラスを数えるしか方法がないからです。カラスには集団でねぐらを作る習性があるので、カウントが可能というわけです。

札幌のカラスが本格的にねぐらを形成するのは、主に秋から冬にかけてです。春から夏は繁殖期なので、縄張りを持っている成鳥は、ねぐらへは行かずに自分の縄張り内で寝ます。つまりその時期にねぐらを利用しているのは、まだ縄張りを持たない若いカラスということになり、カウントしても全体数を把握することにはなりません。

そもそも「すんでいる」という考え方自体が、研究者とそうでない人との間で食い違う場合があります。「ねぐらに集まるカラス＝札幌にすんでいる」と思うのが普通の人の感覚であるのに対し、研究者は「ねぐらに集まるカラス＝移動個体プラス定住個体」、つまりたまたまその時期にやって来て寝ているだけの個体

ねぐらに入る前に集まる

も含むと考えるのです。冬にねぐらに集まるカラスは札幌周辺からも入ってくるわけで、生息数というのは正確ではなく、あくまで「札幌圏のカラスねぐら羽数」ということになります。

２０１２年から16年にＮＰＯ法人札幌カラス研究会などがカウントした羽数は約４千３百羽から６千７百羽で、ブトとボソの割合はおよそ半々ですが、年によって変動があります。

02年から04年にかけて札幌市が日本野鳥の会札幌支部に委託して行った調査では約８千４百〜８千７百羽と報告されていて、全体で見ると減少傾向にあるといえま

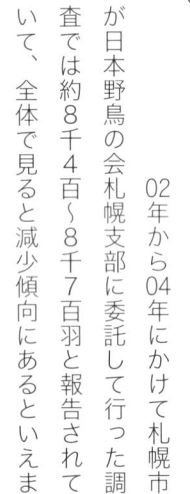

す。ただ、「一時的に羽数が減っただけ」「繁殖成功率が下がり気味なので幼鳥が生き延びられない」「温暖化のせいで、今まで市外からやってきていた個体群が、札幌市内に来なくてもねぐらにできる場所が増えた」などいろいろな見方があり、はっきりしたことはいえません。

　カラスねぐらで面白いのは、ブトとボソが1本の木に同居して寝ることはないということです。強風や吹雪などから線路を守るために植林されたJRの「鉄道林」はねぐらとして人気ですが、ここでもやはりブトとボソはそれぞれまとまって寝ています。

ねぐらに集まる

　笑えるのは、遊び歩いていたせいか、とっぷりと日が暮れて、ねぐら周辺もそろそろ静かになったかなと思うころにあわててやってくるブトです。そこがボソの集団だった場合は、なんだかばつが悪そうにキョロキョロあたりを見回し、「間違った！」とばかりにバタバタと飛び立って、ブトがいる方の木に移って行きます。それを見て私は、「額に汗でもかいているんじゃないかな？」と一人で想像してニヤついているのです。

Q4

どこで寝ているの？

A 電線で寝ているカラスもいます。

「ねぐら」（塒）について、もう少し詳しくお話しします。

人間も鳥類も昆虫も、息をしているかぎり必ず睡眠を取ります。一生睡眠を取らなかったり寝だめをしたりができないからです。

人間の場合は布団の中で寝ますが、野生動物は外で寝ています。鳥だと樹上や木の洞・茂みなど雨や風が防げる場所を使います。カラスの場合は林や防風林などに集まって寝ます。これを集団ねぐらといいます。

鳥類で集団ねぐらを作る種は、カラス以外ではムクドリが有名です。以前は札幌の大通公園のねぐらが有名でしたが、周辺に高層ビルが増えたことなどで、日によっては台風並みのビル風が発生するようになり、別な場所へ移動してしまいました。やはり寝るときは暖かい方がいいのです。

札幌には一体いくつのカラスねぐらがあるのでしょうか。細かく分けると10カ所以上になりますが、都心部だと近距離に数カ所ある場合が多いので、まとめると大体8カ所ということになるでしょう。

聞くところによれば、円山公園には戦後すぐからねぐらがあるといいます。よく知られるこの「円山ねぐら」には、ピーク時の2003年から05年頃は3千羽以上がいて、それはそれはにぎやかでした。

円山原始林が真っ黒になるほど集まる光景が頭にこびりついているので、ここがねぐらだと思っている人が多いと思いますが、これは「就塒《しゅうじ》前《ぜん》集合《しゅうごう》」といって、実際には暗くなる直前に一斉に北海道神宮の林に入ります。本当のねぐらは原始林ではなく神宮内なのです。

　このようにカラスは、ねぐらに入る前に必ず周辺に集合します。電線やビルの屋上に真っ黒に集まる光景を目にしたことがある人も多いでしょう。

　都市伝説として、「カラスが集まるとだれかが死ぬ」とか「そこに死体がある」という話があります。実際にマンションの屋上に死体がないかどうか調べてもらったという話も聞きました。

　そんな時には、「就塒前集合はねぐら入りの前だけで、暗くなるとやがていなくなりますよ」と説明すると安心してもらえます。中には「集まっていた電線を夜中に見に行ったら、やっぱり1羽もいなくなっていた」と教えてくれた人もいました。

　ただ、ボソには街なかの電線でそのまま寝ている個体もいます。これは街なか特有の現象で、ロードヒーティングなどで暖かいのと、天敵がいないため、姿が丸見えでも平気なのでしょう。

　ねぐらの状況は変動が大きく、先ほどの円山ねぐらはここ数年衰退しつつあります。代わって目立つようになったのは北海道庁前庭です。周辺にビルが立ち並び、ロードヒーティングも増えたため、羽数が増加したようです。さらに、針葉樹と広葉樹がバランスよく配置されていて、夜間は閉庁するので静か。おまけに警備員も巡回するというＶＩＰ待遇です。２０００年から03年頃には２千羽近くいた時もあります。

しかし、04年の台風による強風被害で、道庁にあった大木も多くが倒壊してしまいました。その結果、道庁のねぐら羽数が減り、今度は北海道大学構内や北大植物園にねぐらを移しました。カラスはいなくなったわけではなく、分散しているのです。特に街なかのねぐらは変動が多く、道庁ねぐらは14年にも２千羽近くが利用していました。その翌年以降は夏から秋の利用が多く、冬になるといたりいなかったりという状態が現在も続いています。

道庁の隣の北大植物園ねぐらも同様に大きく変動しています。12年には8百羽近くが利用していて、植物園全体にカラスがポツポツと点在している状態でした。

植物園ねぐらの特徴は、利用しているカラスのほとんどがブトだということです。ボソは、明るい時間には集まってくるのですが、暗くなるころには一斉に道庁へ移動していきます。

実は、ねぐら入りするのはブトが早く、そのあとにボソが入るという仕組みになっているのです。さらにボソは思いのほか夜更かしさんで、真っ暗になっていても道議会場の屋根で雪浴びをしていたり、雪玉をくわえて遊んでいたりとまるで子どものようです。

道庁や植物園ねぐらの様子は「JRタワー展望室」から観察するのがおすすめです。この数年は高層ビルが増えたため、すべてを見下ろすことはできませんが、屋根の上や木にとまる黒いポツポツが見られます。針葉樹に入り込んでしまうとほとんど分からなくなりますが、落葉した広葉樹だとカラスが葉っぱのようにも見えます。

北大ねぐらには高木も多く、カラスにとって恵まれた環境が残されています。カラスが利用しているのは北大構内のメーン通りの針葉樹と、北側の自然林です。針葉樹にはブトが多く、落葉した広葉樹はボソの寝場所です。

さらに北大では、数十羽の「ミヤマガラス」がボソと一緒にねぐらを利用しているのが見られます。ミヤマガラスは北海道に越冬のためにやって来ているのですが、ねぐらの場所は毎年同じです。

北大のイチョウ並木は、秋の黄葉時には観光スポットとして有名ですが、私は落葉してカラスが集まっている光景も好きです。北大では、繁殖対策と称して2014年ごろからタカを用いたカラスの追い払いを年数回行いました。その結果、カラスは一時的に減少しましたが、最近はまた増えたり減ったりを繰り返しています。

では、北大にいたカラスはどこへ行ったのかというと、そのころから知事公館周辺に場所を移したようです。それまでは中継地として利用していた場所です。ここも道庁と同じで、夜は人の出入りがありません。職員に尋ねると、「夏は近隣の幼稚園児が利用するが、冬は出入り禁止になり、日中も立ち入る人はほとんどいない」とのことでした。

他によく利用されているのが鉄道林です。列車が通過する音はけたたましいですが、カラスは人工的な物や音はさほど気にしないようです。鉄道林ではJR北海道の函館本線大麻駅付近が有名ですが、数年前からなぜかめっきり減りました。近隣の住民から原因について問い合わせも受けましたが、結局理由ははっきりしません。

鉄道林では、札幌市と小樽市の市境に近いJR星置駅も有名です。ここは札幌市内のねぐらの中でミヤマガラスとコクマルガラスがもっとも多くやって来る場所なのですが、お気に入りだった樹林が頭切りされてしまい、ミヤマガラスたちは姿を消してしまいました。現在ミヤマガラスは、札幌市内より、近隣の石狩市や北広島市の畑や牧場周辺のほうが多く見られます。

札幌周辺の代表的なねぐらを紹介してきましたが、春から夏にかけてのねぐらについては把握しきれないというのが実情です。冬ねぐら以上に変動が多く、場所によっては日替わりになっているのです。情報をもらって見に行くと、糞《ふん》の跡さえ見当たらないということもあります。周辺の電線の下に糞の跡でも残っていれば、近くにねぐらがある可能性もありますが、結局見つけられないことがよくあります。それでも、秋のねぐらが消滅・分散する時期に、移動するカラスの群れを運よく発見できたこともあります。

ところで、カラスねぐらの羽数を一体どうやって数えているのかと疑問に感じる読者も多いことでしょう。鳥のカウントではカウンターを使う場合もありますが、私は群れの形状を10羽単位で頭に叩き込み、それを基準に50羽とか100羽というようにカウントしています。ブトとボソを見分ける必要があるため、米粒や小豆をテーブルに適当に撒《ま》いて、10粒がどのくらいの塊《かたまり》になるかを練習して覚えます。それを続けていくと全体の数が分かってきます。

ブトとボソの判別の仕方は研究者によって

も違いますが、飛んでいる状態・止まっている状態・歩いている状態・角度などによって瞬時に見分けなくてはなりません。そうはいっても見極めが難しく、不明な場合もあります。

ねぐら周辺の住民は、夕方と早朝の鳴き声に悩まされます。冬でも洗濯物を外に干すことがあるようで、私も実際に糞害などの苦情の声を聞いています。

カラスがねぐらを作るのは習性ですので、やめさせることはできません。ではどうすればいいのでしょうか。答えはとても簡単、「静観すること」です。花火などで追い払っても、一時的にいなくなるだけで、また戻ってきます。

さらに、鳥は興奮すると下痢状の糞をたくさん排泄するため、興奮して飛び回る範囲が広がればそれだけ糞害も増えるわけです。手出しをしなければ、糞が落ちる場所はある程度一定化するし、ムダに鳴くこともなくなります。

就塒前集合と同じように、朝も一旦近くに集まって飛び出すことがありますが、これは主にボソに多い行動のようです。夕方、真っ黒になるほど集まってきていたブトも、朝まだ暗い時間に目覚めて飛び立ちます。ねぐら入りと違い、一斉に飛び立つ場合もありますが、パラパラと個別に飛び出すことが多いようです。

Q5

雨の日は何をしているの？

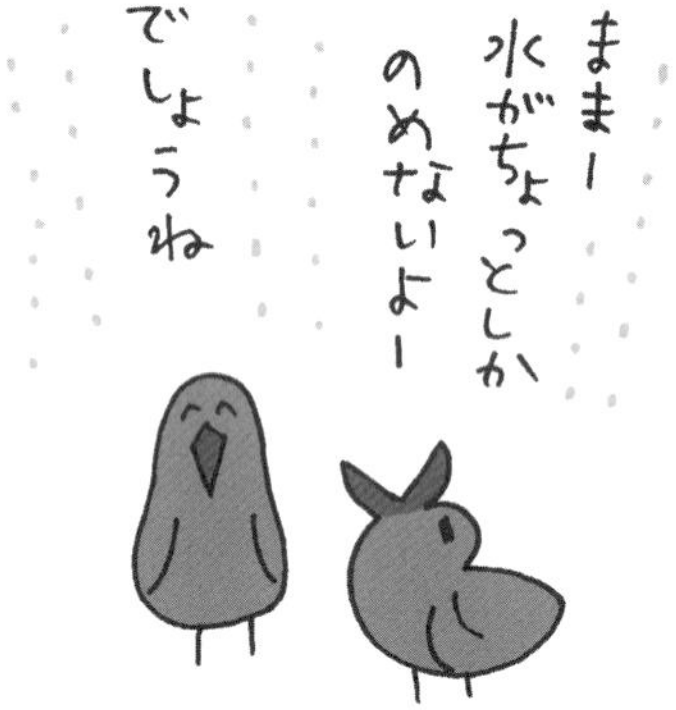
まま－
水がちょっとしかのめないよ－
でしょうね

A 結構楽しんでいるようです。

「カラスって、雨の日はどこにいるの？」

これもよく聞かれる質問です。晴れている日に比べて、確かにカラスの姿を見る機会は減るかもしれませんが、雨が降って動きが不自由になるのはたぶん人間くらいで、カラスはよほどの豪雨や台風でない限りごく普通に行動しています。雨を利用して水浴びをしている個体や、つがいで寄り添って木の枝にとまって雨宿りしている姿も見られます。大粒の雨が降り出すと、幼鳥が雨粒をくわえようとして嘴をパクパクさせているのもかわいいものです。

雨が降ると人間は何となく気分が落ち込むものですが、私は雨の日が大好きです。雨の日に芝生がある場所や河川敷に行くと、カラスがたくさん集まってしきりに地面採食をしているのが見られるからです。

カラスが狙っているのは昆虫です。雨が降ると、地中に潜んでいた虫たちが地面近くにはい出てきます。それを知っているカラスが集まり、「昆虫ビュッフェ」が始まるのです。また、トンボが多い季節には、惚《ほ》れ惚《ぼ》れするくらいスピーディーに、ボソがトンボをゲットしている姿も見られます。

次に好んで食べるのがミミズです。「ヒメミミズ」と呼ばれる細いミミズが多いようです。着物の帯をまとったような「ドバミミズ」といわれる太いミミズの場合は、干からびて燻製《くんせい》状になっている方がお好みのようです。

昆虫の方も、雨をしのぎつつ捕食者から自

分の身を守るのに必死ですが、軍配はカラスに上がります。野鳥も、食べ物が取れなければ数日で死んでしまうのです。

　大きな葉っぱの裏にもチョウ類が身を潜めていますが、それを見逃すようなことはありません。見上げているなと思ったら、上手にホバリング（停止飛翔）しながらチョウを捕まえて食べています。河川敷で雨上がりなどに昆虫を食べているのは、カラス以外にもオオセグロカモメ・スズメ・ドバト・ムクドリなどたくさんいます。

　台風などで豪雨になり、川が氾濫《はんらん》して高水敷（水面より一段高い位置にあり、普段は公園などに利用されている場所）まで水位が上がると、もっとステキなごちそうがゲットできます。例えば、小魚・エビなどの甲殻類・水生昆虫などです。

　こうなると、小魚などが水溜まり状になった芝生で見つけられるので、まさに海鮮ビュッフェ状態です。翌日には水も引いてきて、取り残された魚は干からびてしまいます。これらも、カラスたちはムダにすることなく食べ尽くしてくれます。

　カラスが翅《はね》のある昆虫類を食べる方法に

は、「丸飲み」か「翅をむしって胴体部分だけを食べる」の2つがあります。カラスもそうですが、フクロウや猛禽類をはじめとする鳥類には、消化できない食べ物を「ペリット」としてまとめて吐き出す機能があります。そのおかげで、消化できないものを飲み込んでも平気なのです。

見かけによらず

いつもゴミ捨て場に
いるからって
オレたちのこと汚いって
思ってるでしょ
水浴びは
日課だし
真冬だって
雪もあびるし水にも入る
見かけは
黒くとも
清潔感あふれる
オレ

Q6

歩くのは得意なの？

A テクテクとピョンピョンがあります。

歩いている姿と跳びはねている姿、どちらのカラスを見ることが多いでしょうか？　たぶん大抵の人はほとんど意識することはないかもしれません。

では、ここで豆知識です。鳥が歩くのを「ウォーキング」、跳びはねるのを「ホッピング」と言います。ハクセキレイやムクドリはウォーキングで、スズメはホッピングです。スズメもウォーキングすると聞いたことがありますが、私は見たことがありません。もう一種の身近な鳥ドバトはウォーキングです。

カラスはどうでしょうか。実はカラスは、ウォーキングとホッピングの両方をこなす〝スーパーバード〟です。ブトとボソ両方がやりますが、テクテクと歩くのが得意なのは圧倒的にボソで、ピョンピョン跳びはねるのが得意なのがブトです。中でもブトの得意技は「横っ飛び」でしょう。ちなみに、歩くのが得意なボソは足が長く、ブトは短めです。

公園のベンチでお弁当を食べていると、横っ飛びしながら近寄ってきておねだりをされた経験はありませんか？　頭を斜めにしながらじーっと見つめられると食べにくい雰囲気になり、その場を去る人や、おかずをひとかけら放ってあげる人もいます。

ボソもホッピングしないわけではありませんが、何があってもひたすら歩くというのがボソのスタイルのようです。私は、ボソが尾羽を左右にフリフリしながら歩く姿を「モンローウォーク」と呼んでいます。

ボソは、逃げる時でさえ、飛ばずに翼を半開きにしながら小走りします。飛んだほうがはるかに早く逃げられるはずなのに不思議です。そのせいか時々「けがをしているみたいで、飛べずに走っているカラスがいるのですが」という相談を受けます。でも見に行くと、なんてことなく元気に飛び立つのです（笑）。

逆に、すぐに飛び立つのはブトです。カラスは、飛び立つ瞬間に思いきり踏ん張りを入れます。つまり足が骨折していたり、けがをしていたりすると踏ん張りがきかないので、翼にけがなどの問題がなくても飛べないことがあります。足は歩くだけでなく、飛翔にもかかわるのです。

では、翼がけがをして使えない時はどうなるでしょうか。その場合でも、足がしっかりしていれば、枝や人工物を使ってピョンピョンと樹上へ移動することが可能です。生きていくのに不利ではありますが、意外にたくましいのです。

ブトの英名には「Large-billed Crow」「Jungle Crow」などがあります。それぞれ「大きな嘴のカラス」「森林ガラス」と訳せます。その名の通り、ブトは込み入った樹林をすり抜けるように飛び回り、枝伝いにピョンピョン移動するのが得意です。私が見るかぎり、枝伝いの移動が上手なのはブトだと思われます。

では氷の上はどうでしょう。カラスはかなりガッチリした爪を持っていますが、氷の上を歩くのは苦手で、道庁の池などでは、ツルツル路面を歩く人と同じように滑っています。滑って転ぶようなことはありませんが、横滑りをして一瞬がに股のようになる様子はユーモラスです。

　アスファルトや一軒家の屋根を歩く時に、「チャキチャキ」という音が聞こえることがありますね。これはカラスの爪が当たる音です。ではカラスの爪の手入れは一体どうしているのでしょう。

　カラスに限らず、鳥の爪は歩くことにより適度に削られるので、もちろん爪切りは必要ありません。ただ、積雪でアスファルトの露出が減ってくると、カラスの爪が伸びてくるようにも思えます。雪の上だと爪が削られないせいでしょうか。

Q7

食べ物探しは目か鼻か？

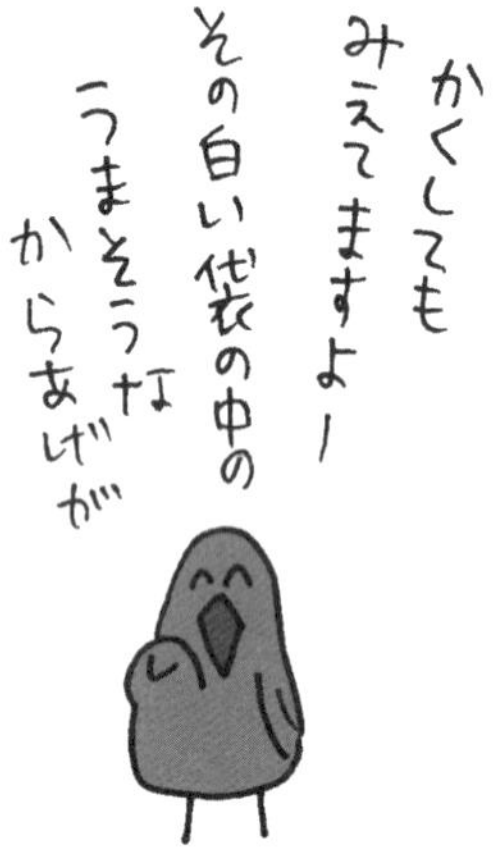
かくしても
みえてますよ！
その白い袋の中の
うまそうな
からあげが

A　視力は 5.0 〜 10.0 !?

動物が食べるものを私たちは餌と呼びますが、私はこの呼び方が好きになれません。たしかに家畜やペットは人に命をゆだねているのでこの表現は間違っていないかもしれませんが、野生動物相手に餌はないだろうと思います。だから私は自分のSNSなどでは「食べ物」、食べる行為に対しては「採食」という表現を使っています。

「カラスはどのように食べ物を探しているのでしょうか」という質問をすると、多くの人が「ゴミの日を知っていて、食べにやってくる」と答えます。もちろん、カラスは毎日お気に入りのゴミステーションを巡回して、おいしいものがあればゲットしているのは間違いありません。

夏だと、ゴミステーションの周りには腐敗臭が漂っているので、そこにカラスがいると、臭いに誘われて集まってきたかのように思われます。しかし冬はどうでしょうか？　夏と比べるとほとんど臭いを感じません。それでもカラスはやってきます。ということは、臭いにひかれて集まるわけではなさそうです。

本来なら、カラスなどの野鳥は、人が食べ物を与えなくても自力で生きていくものです。しかし、野鳥に食べ物を与えたがる人は少なくありません。「かわいかったので持っていたお菓子をあげたら、どこからともなく他のカラスが集まってきて、真っ黒になるくらいに取り囲まれてビックリした」と教えてくれます。実際に私もそのような場面を目の

当たりにしたことがあります。

これらを考えると、カラスは食べ物を目で探していることになります。しかも視力はとてもよく、かなり遠くからでも見分けがつくようです。

逆に、カラスに限らず鳥の臭覚はそれほど発達していないと言われています。鼻は呼吸するためにあると思っていたほうがよさそうです。

「カラスは食べ物を目で探している」ということが分かったところで、ゴミステーションに集まるカラスを思い出してください。中身が丸見えで、カラスでなくても何が捨てられているのかが分かります。つまりカラスは、ゴミの中身が見えているので集まってくるのです。来て欲しくなければ、カラスから見えなくすればいいだけです。

鳥の視力は、ヒトで言えば5・0から10・0くらいあるそうです。おそらく300メートル先ぐらいまでは十分見えているはずです。つまり、人間の行動はかなり遠くからカラスに見張られているのです。だから、ふと気づけば一かけらのお菓子に大群が押し寄せるということになるわけです。もっとも、そんなに集まっても食べられるのは1羽だけでしょうけれど。

さらに問題なのは、次の日にも、その一かけらのお菓子をあげた人がやってくると、どこからともなくカラスが集まり始めます。歩道を歩いている人の後を、カラスが波のように追跡して飛翔しているシーンを見たことはありませんか？　それは、視力のよいカラスゆえの行動なのです。でも、しばらく無視してお菓子をやらずにいれば追跡をあきらめます。

食べ頃

見てみな
あの畑になっている
旨そうなトマトを
センパイ、
いただきましょう！
バカ野郎！
あれはまだ
食えねえんだ
えぇ～
おいしそうですけど

頂くんだよ…
センパイ！

食べ頃を見極めて
さすがです！

Q8
人間の顔を覚えるの？

あいつがこのまえ
バナナの皮を
なげつけた
やつよ!!
はいまま!!

A 「イヤな人」情報は子ガラスにも伝わります。

カラスが好きでも嫌いでも、頭のよい鳥だということは誰でも認めることではないでしょうか。「人間の顔を覚えて見分ける」という話まであります。私など、人の顔と名前を覚えるのがとても苦手なので、カラスの記憶力がうらやましいと思うくらいです。

そのことがもっともはっきり分かるのは、カラスの繁殖期です。子育て中のカラスに石や枝を投げつけたことのある人は思い当たることがあるでしょうし、「毎日同じ場所で襲われる」という話もよく耳にします。

ただ、いくら頭がよくて記憶力に優れるカラスでも、確実に特定の人を見分けているわけではなく、年格好の似た人も同時にインプットしてしまうようです。そのため、「何の手出しもしていないのにいきなり蹴られた」と訴える人がいるのです。繁殖期のカラスの行動と対処方法については別の章で詳しくお話しします。

カラスが人の顔を覚えるのは、カラスが嫌がることをした場合と、逆に気に入られることをした場合に分かれます。気に入られることとは何でしょうか？　それは食べ物をやることです。

カラスは目で食べ物を探しているということはもうお話ししていますが、一度でもカラスに食べ物を与えると、翌日以降、後をつけられたり、頭スレスレを低空飛行されたりする場合があります。食べ物を与えた本人は気にしていなくても、他人がその光景を見ると、

「繁殖期でもないのにカラスが人を襲っている」と勘違いすることでしょう。

私は都会に生きるカラスが好きで、いつも見ています。ですが、カラスに食べ物を与えることはありません。

早朝にすすきののカラスを見に行くと、常連のカラスがいつの間にか私の顔を覚えていて、日中に行っても後ろから頭を「ポン」と一蹴りされます。私にとってはごあいさつ程度のことですが、事情を知らない人が見ると「襲われている」と感じるでしょう。

それから、おそらくみなさんはご存じないと思いますが、繁殖期に投石などの嫌がらせを受けた親ガラスは、その情報をつがいの相手はもちろん、雛《ひな》にまで伝えます。

巣立って間もない雛は全面的に親に依存していて、危険人物の情報は親の行動を見て覚えます。当然ですが、嫌がらせをしてきた人の顔は、親の反応を見てすぐに覚えて、翌日以降、「威嚇鳴きもどき」を始めます。もちろん、迫力はまったくありませんが。でも、幼いころからすでに人の顔を覚える能力があるというわけで、カラスをあなどってはいけません。

実は、人の顔を覚えるのはカラスだけではありません。ドバトやスズメにパンなどの食べ物を撒《ま》いて与える人は実に多いのです。そうした人がやってくると、たちまち取り囲まれることになります。カラスと違うのは、服装やスタイル（自転車なのか徒歩なのかなど）が違うと集まってこない場合があるということです。

　カラスは、相手の顔さえ見えていれば、服装が違っていてもちゃんと覚えていて集まってきます。顔そのものを記憶しているのだと思います。ただし百発百中というわけではありませんが。

　よく「朝、○○を通ると、必ずと言っていいくらい、いつもカラスに追われます。襲われるわけではないのですが、何となく怖い」という相談を受けます。これは、カラスにとって気になる人と風貌が似ているせいだと思います。

Q9

カラスはおしゃべり？

A 七色の声音を使い分けます。

カラスの鳴き声といえば「カァカァ」「ガァガァ」が一般的で、それ以外は思い浮かばないという人が多いでしょう。鳥には、ウグイスやメジロ、オオルリなど「鳴禽《めいきん》」といわれる美しいさえずりを得意とする種と、特にさえずり声を持たない「地鳴き」だけの鳥がいます。地鳴きとは、主にコミュニケーションのために通年で使われる短い鳴き声のこと。一方、鳥がきれいな声でさえずるのは、基本的に求愛や縄張り宣言を含めた繁殖期だけ。実はカラスも鳴禽類に分類されますが、鳴き声のバリエーションが多く、さえずりと地鳴きの区別がつきにくいのです。

札幌は、春のバードウオッチングに最も適した街のひとつです。若葉が本格的に芽吹く前のゴールデンウイークには、見た目もさえずりも美しい鳥たちを都心近くで観察できます。あちこちで探鳥会など自然観察会が多いのもこの時期。でもそんな時でさえ見向きもされないのがカラスでしょう。最も身近な鳥だけに探鳥会ではお呼びじゃなく、たまにカラスがいても「他の鳥が逃げちゃう」などと追い払う人まで出てくる始末です。

ではあなたは、カラスの鳴き声をどの程度識別できますか？　カラスはウグイスやオオルリのようなさえずりこそしませんが、いろいろユニークな声で鳴きます。

「キャンキャン」「キョロンキョロン」という鳴き声を聞いたことはありませんか？　目の前で鳴かれればボソだと分かりますが、鳴き声だけならカラスだとは思わないでしょう。いつものカラスからは想像がつきません。特に、普段しわがれた声で鳴いているボソに至っては、「ホントにこの鳥が？」と驚かれます。ブトの場合は、もともと澄んだ鳴き声を持っていますが、それでも「カァカァ」とは結び付かないかわいらしい声で鳴くこともよくあります。

　犬や猫の鳴き声を真似ているという説もありますが、私はブトとボソが元から持っている鳴き声なのではないかと思っています。鳴き真似というには、こうした鳴き声を出すカラスがあまりにも多いからです。

　ブトが機嫌良さそうに頭を上下に振りながら「アワーワワッ、アワーワワッ」というふうに歌うことがよくあります。私見ですが、繁殖期の観察記録から、「歌う」カラスはブトのオスなのではないかと思います。同時に「パツンパツン」と舌打ちにも似た音も聞こえますが、一体どこから発声されているのかは定かではありません。

　ボソとブトの両種は鳴き声が違うだけでなく、お互いの言葉が通じていないという説もあります。ただ、悲鳴の声（Distress call）などは種を超えて理解しあっているようにも思います。人間で言えば、言葉の通じない外国人でも、悲鳴は分かるのと同じです。

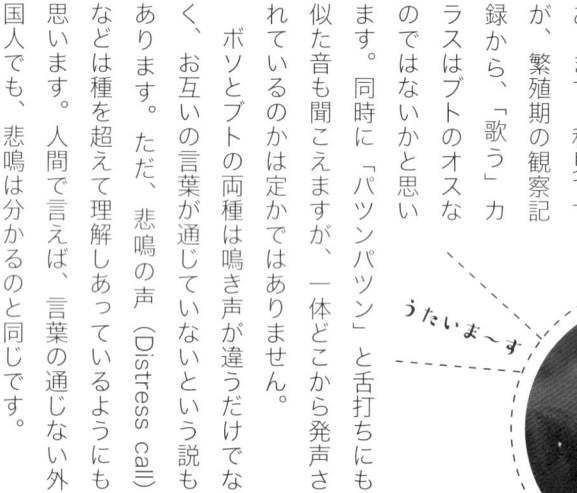

カラスは、機嫌がいい時と悪い時の鳴き声はまったく違うし、声だけでお隣さんや周辺のカラスと会話をしています。視力だけでなく聴力も優れているのでしょう。互いの姿が見えていなくても、ブトが澄んだよく通る声で規則的に鳴き交わしているのを聞くことがあります。一体どんなおしゃべりをしているのでしょうか。

色々あるんだよ

羽をケガして
飛べないんだ
でも
歩いたり
ぴょんぴょん飛んで
まぁなんとか
ススキノで
生きてるよ

Q10

カラスは何色？

A 黒いだけではありません。

「カラスは何色？」って、今さら何を聞くのと思いますか？「カラスは黒いに決まってるでしょ」と言われてしまいそうです。でも、カラスは本当に真っ黒なのでしょうか？

鳥の羽には、物理的な構造による「構造色」と、色素による「色素色」があります。構造色は、羽自体に複雑な仕組みがあり、光の当たる角度などによって色が違って見えるということ。マガモのオスの頭部が緑色に見えたり、青や黒っぽく見えたりするのはこれです。

いっぽう色素とは、体内で作り出されているメラニン色素などです。メラニン色素といえばシミやソバカスが第一に思い浮ぶでしょう。色素異常により、本来の色ではなく真っ白になる動物個体を「アルビノ」といいます。ときどき真っ白なカラスが現れて話題になりますね。

では、カラスの色は？　確かに遠目に見ると黒ですが、近くで見てみると構造色により瑠璃色や茶褐色に見えるし、角度を変えるとさらに赤みが強い個体もいます。

瑠璃色が強いのはブトの方で、ボソは瑠璃色よりは背中の鱗模様が美しく、瑠璃色と茶褐色をミックスしたような色です。近くでボソの背中の鱗模様をじっくり観察すると、美しい色を確認することができます。

羽の色は年齢によってかなりの違いがあります。鳥の親子というと、道路を渡るマガモの親子のように、親が大きくて雛は小さくポヨポヨというイメージがありますが、カラスは巣立ちの時点ですでに親と変わらない大きさと色になっています。

でも実際には、雛はマガモなどと同様にポヨポヨしていて、尾羽の先はボロボロでとがっています。構造色による瑠璃色はまだあまり見られず、翼の部分は茶褐色が強く見えます。以上のような違いは個体差もあり、よく観察しなければ分かりません。

ボソの雛はブト以上に茶褐色が強くてポヨポヨした感じです。日光に当たるとますます茶褐色が強く出て、真っ黒とは言い難くなります。ボソの雛は一見弱々しく見えますが、ボソの雛の方が巣立ちの失敗も少なく、飛翔力もあります。

古い羽毛が抜け落ちて新羽に替わることを「換羽」といいます。カラスは5月から10月にかけて徐々に換羽していきます。約半年もかけて換羽するなんてすごいと思いませんか？ 換羽が終わると、一年で最も美しい羽色になります。

カラスの換羽は、カモ類のように一気に抜け落ちるのではなくて、翼の場合だと左右対称に徐々に抜け替わります。これにより飛翔に影響が出ないようになっているのでしょう。

次は尾羽の換羽です。そして8月以降になると体や背中などの羽毛へと移行していきます。その時に顔がハゲハゲになるので、「皮膚病みたいなカラスがいます」と連絡をいただくこともあります。

マキコの夢

雛の場合、翼と尾羽の換羽は生まれた年には行われず、翌年の5月以降の換羽時期を経て初めてきれいな羽になります。

最後に豆知識をひとつ。「羽」とは鳥の体に生えている状態で、「羽根」は抜け落ちた状態です。羽が集まって翼や尾羽になるわけです。

Q 11

寒さは平気なの？

A 案外、冬もエンジョイしています。

雨の日のカラスの様子についてでは前に書きましたが、冬はどうしているのでしょうか。私たちからすれば、雨よりも雪の方が寒くてつらいように思いますが、野生動物は保温や保湿性に優れた体毛が体を覆っていて、雨水などもある程度はじいてくれます。

鳥の尾羽の付け根には「尾脂腺」があり、そこから脂を嘴につけて羽づくろいしています。カラスも首を後ろに回して尾羽の付け根をモソモソさせています。

カラスは水鳥ではないので水面は泳げません。カモ類などの水鳥が沈まずに泳げるのは、魚のように浮袋があるからではなく、脂の濃度が濃いからなのです。カラスの脂がサラダ油だとすれば、カモ類の脂はラードだと言うと分かりやすいでしょうか。

肝心の「カラスは寒さに強いのか?」ですが、私には夏より冬の方が元気いっぱいに見えます。逆に真夏の暑い日には、口を開けて翼を半開きにして、目つきがトロンとなります。実に怪しい姿です。

カラスが樹上や電線にとまっている姿は普段目にしていますが、吹雪の時はどうしているのでしょうか。実はカラスは、吹雪の時は樹上にはとまらず、雪山の裾野や生け垣の脇など、暴風雪を避けられる場所に潜んでいます。

ちょっと想像してみてください。葉の落ちた木の枝で、真冬の暴風雪に耐えて揺られていたらどうなるでしょうか?

鳥は、枝などにとまってお座りすると足が自然に枝をしっかりつかむようになっていて、鉄棒選手のようにグルッと回転してしまうようなことはありませんが、そんな状態では枝にとまっているだけで体力を消耗してしまいます。動物は、そんな無駄なことは決してしないのです。

台風の時も同じです。私は台風の時は外出を控えているため写真はありませんが、「こないだの台風の時に、カラスがみんな地面にいてびっくりした」と公園管理の担当者が教えてくれました。

真っ白な雪に美しく映える鳥はカラス以外にはいません。頭や背中に積もった雪が碁石模様みたいに見えるのもとても美しいと思います。

その年生まれの幼鳥は初めての雪ですから、降ってくる雪を食べようとして嘴を半開きにしています。雪の中で嘴を開いたまま突き進み、掃除機のように雪を口に吸い込んで雪遊びをしている姿も見かけます。

ボソの幼鳥に多いのは、雪玉をくわえて飛び上がっては落とすこと。これってまるで、クルミ落としと同じですね。

冬になると食べ物がなくなるのではないかと心配になりますが、本当に食べ物がなければ越冬すること自体が不可能になります。通常、野鳥は「食べる↓消化↓排泄」を繰り返しています。それはもちろん悪天候でも同じ。ところがカラスの場合は、「貯食」といって、読んで字のごとく食べ物を隠しておくことができるのです。人間が思っているほどカラスは冬でも困っていないでしょうし、逆に雪を楽しんでいるように見えてなりません。

一方で、北海道の夏といえば湿度がなくてカラっとしているというイメージがあるのですが、2017年はちょっと違いました。最高気温が30度以上になる真夏日が1週間近くも続いたのです。

この記録的な連続真夏日はブトに災難を呼んでしまいました。ブトもボソも夏の暑さにはある程度適応するはずなのですが、巣立ったばかりの雛たちはそうもいきません。特に巣立ちがボソより2週間前後遅いブトの雛にとっては最悪でした。巣立ったばかりの雛が地面に下りてしまい保護されるということはよくありますが、今回の猛暑では、巣立って2週間以上たった雛が連続して捕まってしまったのです。

いわゆる「熱中症」に近い状態になり脱水を起こして動けなくなった雛は、親が涼しい生け垣の陰などへ移動させます。すると人との距離が近くなり、弱った雛を守ろうと親が人に威嚇行動を取ってしまい、捕獲されるというパターンです。

先に巣立ちを終えていたボソの雛には、そ

のような災難は起こりませんでした。２週間の違いで体力や抵抗力に差があるのに加えて、ブトの方が暑さが苦手なことが原因と思われます。実際、私のところにも、弱っている雛を保護したという相談がたくさん寄せられました。

人間と同じように、涼しいところへ移動させて体温を下げ、スポーツドリンクを飲ませてやれば元気になったでしょう。市から委託を受けた業者の方には熱中症の対処法を伝えてあったので、水辺の涼しい場所へ放してくれていました。

いずれにしても、この連続真夏日はカラスの雛たちには本当に気の毒でした。

Q12

渡りはしないの?

オレは渡りは
しない…
なしとげたい
ことがある
から…

A 渡りをするカラスとしないカラスがいます。

野鳥の多くは渡りをして暮らしています。春に南の国から日本に渡って来て繁殖をする「夏鳥」と、秋に北から越冬のために渡って来る「冬鳥」です。渡りをせず日本に居留まる「留鳥」、さらには「夏は山野で冬は平地」と国内を季節移動する「漂鳥」もいます。

ではカラスはどうなのかというと、基本的に渡りはせずに国内移動のみです。北海道の最南端で渡り調査をしている人から「カラスが渡って行くのを見た」という話を聞いたこともあります。ただ、実際にどうなのかはGPSを装着して調べてみないと分からないでしょう。私が共同研究で標識調査をしている中では、札幌で標識リングを付けた個体が道東方面で有害鳥獣駆除によって銃殺されていたという報告もありました。

野鳥にとって渡りとは、生き延びる術でもあります。同じ北国でも、シベリアのような極寒の場所と北海道を比べると、北海道の冬の方がはるかに温暖です。

カラスをはじめとして、札幌にはスズメ、ヒヨドリ、シジュウカラなどのカラ類、ムクドリ、ハクセキレイなど身近な野鳥が留鳥になっています。かつては越冬だけだったといわれているマガモやカルガモなども、今ではすっかり留鳥になり繁殖もしています。

カラスが渡りをせずに留鳥として生きて行けるのは、高度な脳と学習力があるからではないでしょうか？　冬になるとねぐらに集まるという点では季節移動をしているとも言えます。

　ここまではブトとボソの話でしたが、北海道には越冬のためにやって来るミヤマガラスとコクマルガラスもいます。これらは渡りをするカラスです。

　もし札幌のカラスたちが越冬のために本州や東南アジアへ渡って行ってしまったらどうなるでしょうか？　いないほうが静かでいい？　はたして本当にそうなのでしょうか。

　冬は毛虫などは見られませんが、ネズミは年中います。繁華街のゴミ回収業者の担当者などに聞くと、寒くなってくるとゴミ集積所で固まって寝るネズミが増えるそうです。そのネズミを捕ってくれているのがカラスなのです。

　都会の繁華街ですからネコもいます。もちろんネコもネズミを捕りますが、最近は野良ネコも少なくなりました。カラスは、人間の嘔吐物をきれいに食べてくれる嘔吐物処理班も務めてくれています。そう考えると、やはり年中カラスにはいてもらわないと困るということにお気付きいただけたでしょうか？

すすきののお気に入りの看板で

Q 13

天敵は？何年生きる？

A 17歳で亡くなるまで観察したオスがいました。

「生態系のピラミッド」「自然の摂理」「弱肉強食」という言葉があります。この3つはカラスについても当てはまります。生態系のピラミッドという点では、都会ではまさしくカラスが頂点と言ってもいいでしょう。

カラスの天敵は、オオタカをはじめとする大型猛禽類で、もちろん、都会にもオオタカやトビなどの猛禽類はいますが、カラスがいると、なかなか地上に降り立つことはできません。いくら降りてきたくても、その前にカラスたちに撃退されてしまいます。

ただオオタカは大敵で、巣立ち後の雛の翼と頭だけがナイフで切られたように残されているなんていうこともあります。初めてこの光景を見た時は「人間に虐待されたのでは」と思ったほどです。

オオタカとカラスは生息環境や繁殖場所が近く、カラスは雑食で肉も食べるので、食性も共通していますが、私はオオタカがカラスを捕食している場面に出逢ったことはありません。捕食されているのはいつもドバトでした。ドバトは警戒心が薄いのか、いろいろな鳥に捕食されています。

オオタカやクマタカなどの大型猛禽類がやって来ると、大騒ぎをするのはブトで、ボソは太刀打ちできないことが分かっているのか鳴き声をあげるだけで、直接追い出しには参加しません。ボソが参戦するのは、ハイタカやチゴハヤブサなどの小型猛禽類相手の時だけです。チゴハヤブサは天敵であるカラスの古巣でしか営巣できず、営巣中のボソの巣を乗っ取ることもあります。

カラスのもう一つの天敵は肉食哺乳類。都会のはずの札幌の中心部を流れる豊平川にはキタキツネが生息していて、カラスを捕食しているのです。キタキツネが現れると、やはりブトが中心になって追い出しにかかります。

繁華街ではネコも天敵です。ネコも本来は肉食なので、カラスを狙うのは当然ですし、実際にカラスが捕食されているところを見たこともあります。最近は、野生化したネコが野生動物を捕食して絶滅へ追いやっているというニュースが増えてきました。アライグマと同様、人間が世に放ったものなのですが。

ではカラスの寿命は何年ぐらいなのでしょうか。一般的に言われているのは10年から30

年ととても幅があります。私は、保護飼育されているカラスで31歳のボソと22歳のブトを見たことがあります。

２０１２年９月の日本鳥学会東京大会の時に上野動物園へ行った際、標識リングを装着しているブトを発見して山階鳥類研究所に報告したところ、年齢は19歳４カ月だったことが分かりました。私の観察から推察すると、何もなければ20年以上は生きるのではないかと思います。

私が１９９９年４月に札幌の公園でカラス観察を始めた時、標識リングがなくても個体識別が可能なオスのボソがいました。その時すでに繁殖していたので、少なくとも３年目にはなっていたはずです。体にはっきりした特徴があり、亡くなる２０１３年まで観察を続けましたので、最期は17歳ぐらいにはなっていたはずです。

私が偶然、その亡骸を発見した時、その傍らで、それまで聞いたことがないような声で鳴き続けていたつがい相手のメスの声が今でも忘れられません。このメスは翌年の春までその縄張りで暮らしていましたが、繁殖期が始まる４月に他のカラスに攻撃され、虫の息のところを保護されて私の目の前で息絶えました。忘れることのできない長生きペアでした。

カラスのコラム 1

ボソとブト、どっちがどっち？

よく見ると結構違う。日本の都市の中でも、
この２種がほぼ半々の割合で見られるのは札幌ならでは。
大人のボソとブトが仲良くすることはない。

ハシボソガラス（通称ボソ）
スズメ目カラス科

ハシブトガラス（通称ブト）
スズメ目カラス科

	ハシボソガラス	ハシブトガラス
学名／英名	Corvus corone ／ Carrion Crow（死肉を漁るカラスの意）	Corvus macrorhynchos ／ Large-billed Crow（大きな嘴のカラスの意）Jungle Crow（森林ガラス）
全長／体重	50cm ／ 500 ～ 700g	57cm ／ 600 ～ 900g
分布	ユーラシア大陸全域。市街地のほか、農耕地や海辺など開けた場所を好む	サハリンから日本列島、東南アジア、インド周辺。市街地から山地までよく見かける。樹林を好む
形態	嘴がほっそりしていて額と上嘴の段差があまりない。全体に細身	嘴が太く、上嘴が大きく湾曲している。額が垂直に立って見え、額と上嘴の間に段差が目立つ
羽の模様	後頭部から背中にかけての鱗模様が強い	背中の鱗模様はあまり強くないが、翼の瑠璃色が強い
鳴き方	お辞儀をするように上体を上下させ、「ガァーガァー」としわがれた声で鳴く	頭部を突き出し「カァーカァー」と澄んだ声で鳴く
歩行	歩くのが得意。ホッピング（跳びはねて歩くこと）はしない	ホッピングの方が得意で横っ飛びすることが多い
採食	芝生などを歩いて小さい物を採食する。木の実や昆虫、小動物などを食べる。肉類や脂肪分の多い物も大好物	大きい塊の物を狙い、別の場所に運んで食べる。木の実や昆虫、小動物などを食べる。肉類や脂肪分の多い物も大好物

ii 食べる編

Q14

主食はゴミ？

A 木の実や昆虫です。

カラスの主食はゴミだと思っている人は少なくないでしょう。生ゴミの日にしょっちゅうゴミステーションを荒らされる場面を苦々しく眺めている市民にとっては、そう考えるのも不思議ではありません。でも、答えは「NO」です。

カラスは縄張りを持つ動物です。縄張りを持つということは、そこに営巣して子育てできる環境があり、食うものにも困らないということです。

考えてみれば、都心のオフィス街や繁華街にはゴミステーションはありませんが、そこを縄張りとするカラスは必ずいます。結論から言うと、カラスがゴミステーションに集まるのと、近くに巣を作ることは無関係なのです。たとえ近くで食べ物が得られなくても、かれらは飛ぶことができるわけですから、足(羽?)を伸ばして取りに行けばいいのです。まずはこのことをよく覚えておいてください。そうすれば、的外れな対応をしなくてもよくなります。

ゴミが主食でなければ、カラスは一体何を食べているのでしょうか。カラスは雑食性が強い鳥で、パンなど人間の食べ物も大好きです。カラスほど人間の食べ物を好んで食べる野鳥はいないでしょう。最近では、オオセグロカモメも街なかに出没して唐揚げなどを人からもらって食べている姿を見ますが、カラスほど勢いよくは食べません。

カラスにとって生ゴミは「補助食」的な要

素が強いのだと思います。札幌には5千羽ほどのカラスが暮らしていますが、かれらが毎日生ゴミを頼って生きているのだとしたら、週に2回しかない住宅街の生ゴミ回収日だけでは到底足りないでしょう。かと言って、曜日ごとに生ゴミを追って、広い札幌市内を移動しているとも思えません。

では正解です。カラスの主食は、スズメやヒヨドリと同じように木の実や昆虫です。例えば雪解け後の3月下旬なら、秋に落ちた木の実や種子などを探して食べています。

人間にとっての「食欲の秋」を、カラスも待ちわびています。カラスは野菜を食べないと言われることがありますが、決してそうではありません。家庭菜園などの熟したトマトやトウモロコシが大好きで、いち早くつついて食べてしまいます。ニンジンはあまり好みではないのかと思いきや、札幌の円山動物園の草食獣に与えている野菜や果物は有機栽培のものが多いらしく、そのおいしさや栄養価を知ってか、カラスが張り切ってニンジンを失敬しています。ゴミステーションに出されている生ゴミのニンジンには見向きもしませんが、有機栽培などで甘みが強く鮮度のいいものは喜んで食べるのです。

また、夏から秋にかけてよく大発生するマイマイガは、住民にとっては頭の痛い厄介者ですが、相当数の幼虫や卵塊をカラスが食べてくれています。これに限らず昆虫の大発生は突然のように起きますが、カラスがいるおかげで、人間への被害が少なく抑えられているのです。

主食がゴミではないということはご理解いただけたと思います。ゴミ荒らしの被害を抑えるには、人間がしっかりゴミを管理することが大事なのです。次の項では、カラスの食生活をさらに詳しくお伝えしていきます。

好きなもの

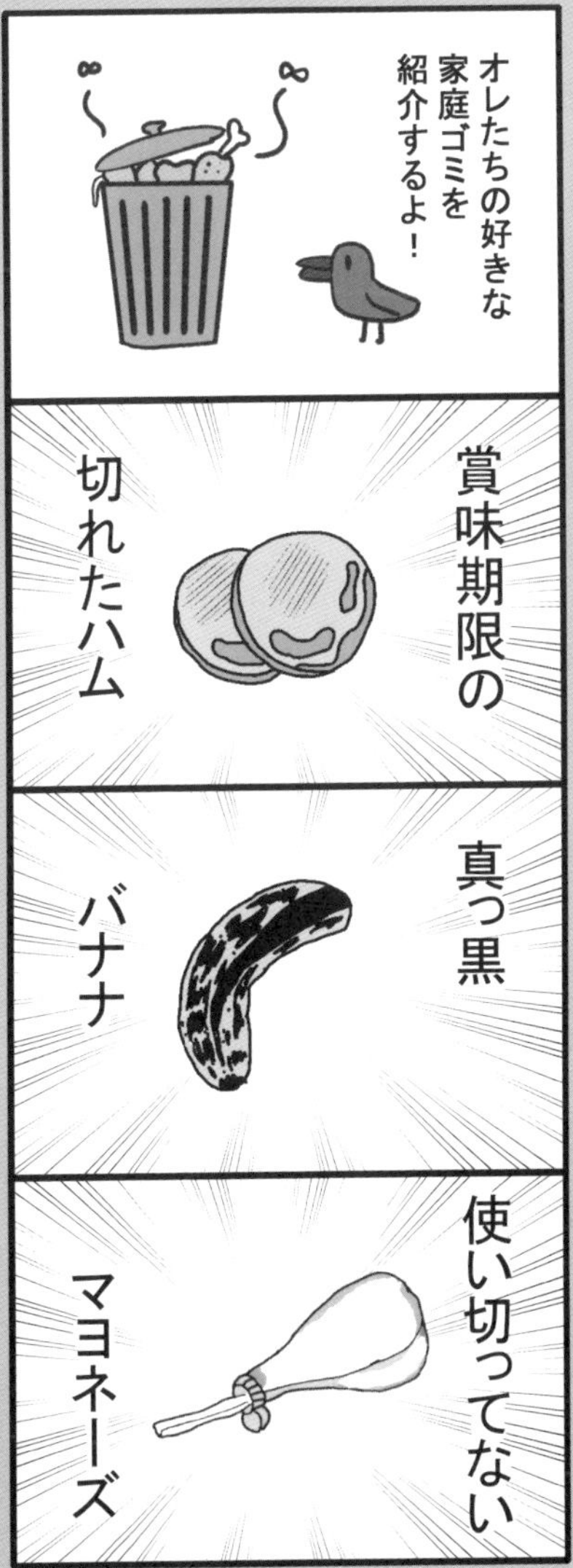
オレたちの好きな家庭ゴミを紹介するよ！
賞味期限の切れたハム
真っ黒バナナ
使い切ってないマヨネーズ

Q 15

肉食系？それとも雑食系？

野生はきびしいんじゃ
じぶんでとれー
ままー
ままーー
にくーー

A　おいしいものには目がありません。

カラスの好きな食べ物について、さらに詳しくお伝えしましょう。

カラスは雑食性ですが、肉系は大好物。同じ肉系といっても、唐揚げなどの調理品もあれば、狩りをしてゲットした鳥や魚の肉、ネズミなど小型哺乳類の場合もあります。肉の中では特に油の部分が大好き。すすきののゴミ回収でも、大量に肉が出ている日には、回収車の中の残りをわれ先にと争って食べています。

次に好きなのは昆虫です。春先になると小さな双翅目（ハエの仲間）が姿を現します。カラスはそれを分かっていて、まだ雪が残っている地面に下りて、しきりに何かをついばむ様子が見られます。一体何百匹食べたら満腹になるのかなと考えつつ、しばし見入ってしまいます。

ここ数年、大発生が話題に上るマイマイガ、カシワマイマイは、木の幹などに産卵し、自分の体毛を卵に被せて守ります。私はそんなマイマイガを応援したくなるのですが、ほとんどの人からは嫌われていますね。

ブトは、マイマイガなどをホバリング（停止飛翔）しながら食べます。蛹化《ようか》する時期のあの大きさの幼虫になるとスズメでは食べる量が限られます。でも、晩夏から晩秋にかけてのガの大発生を抑えてくれるカラスの存在は、ほとんど思い出されることはありません。それどころか、後述するように、コガネムシの幼虫を食べる時に芝生をはがす悪者というレッテルも貼られています。

膜翅目のアリはハチの仲間。アリもカラスの好物です。一番喜んで食べているのは羽アリです。夏にアリの巣を突っついて刺激するとたくさん這《は》い出してきます。それを次から次へとついばみ、卵も喜んで食べています。アリにとっては迷惑かもしれませんが、それでもアリが絶滅することはありません。

半翅目のセミはカメムシと同じ仲間です。半翅目の特徴は匂い。カメムシが臭いのは有名ですが、セミも独特の匂いがあります。カ

ラスは飛んでいるセミも捕まえて食べますが、すごいのは、真夏の夕方に土から羽化のために這い上がってくる幼虫をいち早く見つけて食べるところです。アブラゼミを例に取ると、7年間ほど土中で生活していて、やっと羽化の時期を迎えて地上に出てくるわけですが、それをパクパクと食べているのです。幼虫が羽化している最中にもパクパク。
木の実も好きです。木の実というと秋のイメージが強いですが、夏に熟す実もあります。ミズキやニガキです。どちらも小ぶりですが、赤や紫の実はいかにもお

いしそう。8月ごろには、樹上で親におねだりをしている幼鳥の姿も見られます。

　秋に実が熟すホオノキはコブシの仲間で、実は真っ赤で大きく、カラスは中に入っている黒い種子を上手に取り出します。本来なら糸状に種子がぶら下がるのですが、その前にカラスが食べて糞として排泄し、別の場所で発芽するというわけです。自分で移動できない植物にとって、種子を運んでくれるカラスは大歓迎なはずです。

　同じく秋に熟す実で有名なのはナナカマドですが、カラスがもっと喜ぶのはヒメリンゴなどの小さなリンゴ類。12月になると、実は凍ったり溶けたりを繰り返し、それによって糖分が増します。カラスはそれを知っているのでしょう。ヒメリンゴの木には、ブトよりもボソがたくさん集まります。カラスが自然界から多くの食べ物を調達していることがお分かりいただけたでしょうか。

お花も食べます〜モグモグ

Q 16

水はどうやって飲むの?

A 蛇口をひねって飲むカラスがいました。

カラスが水を飲んでいる姿をじっくり見たことはありますか？

人間とは違って、カラスは水を口に含ませたあと、嘴を上に上げて流し込まないと飲めません。これはカラスに限らずほとんどの鳥に当てはまります。

公園の池や噴水などのきれいな水から、コーヒー牛乳みたいな色をした泥だらけの水溜まりまで、何でも飲みます。水位がたっぷりあるところなら顔を下に向けるだけで簡単に飲めますが、道端のくぼみに溜まっている水を飲む時は、顔を完全に横に向けて嘴をパクパクさせ、上手に飲んでいます。

大通公園にあるような大きな噴水では、水を飲みながら水浴びのようなこともしています。

水は飲むだけではありません。水浴びはもちろんのことですが、カラスが食べ物を水に浸している光景を見たことはあるでしょうか？ 繁殖期の親は、雛に給餌する際に、食べ物に水を含ませて与えています。ビスケットなど堅めの食べ物を柔らかくするためという説がありますが、パンなども浸しているので、一概には言えません。

ときどき目にするのは、地面にこっそり隠していた食べ物を取り出したとき、泥だらけの食べ物を水溜まりで洗っている場面です。さすがはカラスです。やっぱり食べ物はきれいな方がいいですからね。

Q17

大好物はマヨネーズ?

A 油ものが好きなんです…。

カラスが雑食性だということはすでにお伝えしていますが、中でも好きなのは肉系や油ものです。油がついていれば、ラップや紙でも気にせず食べます。消化できないものはあとから吐き出すことができるので心配ありません。

中でもカラスが大好きなのがマヨネーズ。タルタルソースもお気に入りです。チューブの底に少しでも残っていれば、見逃さずに嘴を伸ばします。

札幌市では、こうしたチューブ類は「容器包装プラスチック」ゴミに分類されます。もちろんカラスがゴミ出しの曜日を把握しているわけではありません。カラスは目で食べ物を探すので、マヨネーズ系のチューブが入っていればすぐ分かります。その場でついて食べるか、テイクアウトしていきます。公園や歩道、地下鉄駅の入り口の屋根のあるところなどに、穴だらけになったマヨネーズのチューブが落ちているのを見たことがあるかもしれません。

マヨネーズがついた総菜パンなどの場合は、まず顔を横向きにしてマヨネーズだけを削ぎ取るようにして食べます。見事な技です。

カラスはゆでたイモを好んで食べることはしませんが、大通公園のとうきびワゴンなどで売られている「じゃがバター」は大好きです。たぶん、バターもマヨネーズに劣らず好きなんでしょうね。

「マヨラー」と言われる若者たちが一時話題

になりましたが、カラスこそまさにマヨラーです。クリームチーズも大好物です。これらはみんな油分が豊富なので、カラスが放っておくはずがないのです。マヨネーズもバターも相当な塩分が含まれているので体に悪いのではないかと思いますが、どうなのでしょう。

　油好きといえば、ロウソクやせっけんが好きという話もよく聞きます。どちらも油から作られているので、カラスにとってはマヨネーズの仲間に見えてしまうのです。決してロウソクやせっけんが好きなわけではありません。私は、どこからか持ってきたせっけんを隠すところを見たことがありますが、結局それを食べた痕跡はありませんでした。

　今は墓地ではお供え物の持ち帰りが当たり前になっていて、ロウソクも持ち帰るか指定場所に置いてくる決まりになっているところが多いようです。火がついたままのロウソクをカラスがくわえていって火事になることも考えられますから、人間がしっかり管理しなくてはいけません。

Q 18

食べながら喉を膨らませるのはなぜ？

やっぱり
おいしいものは
キープして
おきたい
でしょう〜

A 一気に詰め込んで、あとでゆっくりいただきます。

鳥に限らず、生きものは食べなくては生きていけません。食べ過ぎて太るのは人間と飼育されているペットぐらいで、通常、野生動物は太るほど食べることはできません。

動物の食事と活動には次のような関係があります。

活動量が多ければ消費量も増え、その結果食べ物をたくさん摂取する必要がありますが、活動量が少なければ消費量も少なくて済むので、食べる量も少なくて済みます。

鳥の中でも必要以上に飛び回らない猛禽類は、一日ぐらい食べなくても問題ないようで、動物園などの飼育施設ではあえて絶食日を設けているようです。

空中で翼を広げたまま滑空しているトビの姿を見たことがあるでしょう。かれらは風や気流を上手に利用して、翼をほとんどばたつかせることなく飛ぶことができます。そうしてエネルギーの消費を節約しているのです。

それに対して、スズメなどの小鳥類はいつも何かを食べている印象が強いですね。スズメが長い時間、樹上や電線でじっとしていることはあまりありません。かれらは「採食↓消費↓排泄」を繰り返しています。

カラスは実に効率の良い食べ方をします。雑食性であることに加え、食べ物を蓄えておく「貯食」という習性があります。人間なら食べ物を冷蔵庫に入れて保存しますが、カラスの場合は地面や樹洞、電柱のフレームなどさまざまな場所に貯食しています。

カラスにパンやお菓子をやると、目にも止まらぬ速さで次から次へと頬張っていく様子を見たことがありませんか。その時、嘴から食べ物がはみ出し、喉の下のところがポッコリ膨らんで顔が変形していることがあります。

昆虫や鳥には「素嚢《そのう》」という一時的に食べ物を貯蔵する部位があります。セキセイインコやブンチョウなどを雛から給餌して育てた経験がある方は、胸の部分が透明になっていて、その中に与えた食べ物が溜まる様子を見たことがあるでしょう。

でもカラスには素嚢がありません。その代わりをしているのが喉の下の部分です。

鳥の下嘴の骨格はVの字になっていて、そ

の間が皮で覆われています。カラスの場合はその皮がとてもよく伸びるので、思いのほかたくさんの食べ物を詰め込むことができます。

ですから、お腹がいっぱいでも、目の前にパンなどの食料があれば口に詰め込んで飛び去り、一旦どこかへ隠したあと、また戻ってきて頬張るという行動を繰り返します。

食べ物を蓄える皮の部分は、嘴が大きいブトはかなり伸びますが、嘴が小さくて細いボソの場合はそれほど伸びないので、あまりたくさん詰め込むことができません。それでも、ブトに負けてたまるかという勢いで詰め込んでいるボソの姿は実にユーモラスです。おそらくブトの半分以下しか詰め込めないでしょうけれど。

欲張りなブトは、一度にたくさん食べ物を運びたいという気持ちが強いようで、一旦詰め込んだ食べ物を吐き出しては詰め込み直しています。家庭の冷蔵庫よりも上手に整理されているのではないかと思えるほどです。詰め込み直して口の中に余裕ができると、更に詰め込んでいきます。

雑食性のカラスならではの巧みな技と言えるでしょう。

Q19

どこに食べものを隠してるの？

A 一番多いのは「地面」です。
ちゃんと目印を残しています。

人間の感覚だと「食べ物隠し」というと「だれかに食べられてしまうから隠しておいて一人でこっそりと食べる」というイメージかもしれません。おいしい物はだれだって人にあげたくないですよね。

　貯食をする鳥はそれほど多くはなく、身近な鳥ではカラスやキツツキ、猛禽類くらいかもしれません。カラスが貯食をするのは、一人でこっそり食べたいというのもあるでしょうが、ほとんどの場合は食べ物探しに困らないようにするためです。猛吹雪や大雨など人間でも家から出たくないような日でも、食べないわけにはいきません。そんな時に活躍するのが貯食です。

埋めうめ〜

　カラスはどんなところに食べ物を隠しているのでしょうか。一番多いのは「地面」です。地面に食べ物を置き、目印に枝や葉っぱを置くのです。目印があれば迷うことなく探せます。ホームセンターなどで自分の車をどこに止めたか分からなくなる人間よりよほど賢いと思います。

　次に多い貯蔵場所は「樹洞」です。樹洞はスズメなどが繁殖に使いますが、カラスにとっては貯蔵場所です。スズメしか入れないような小さな穴だと無理ですが、カラスの頭がすっぽり入るぐらいの大きさなら問題なく貯食ができます。樹洞を使って繁殖するオシドリの古巣にカラスが貯蔵をしていたという話を、知人の研究者から聞いたことがあります。

街なかで多いのは電柱や信号機にあるパイプの中です。ここもスズメが繁殖場所に使っています。ビルの突き出し看板のフレームも、カラスにとっては都合のいい貯蔵場所になります。ビルの屋上看板なども同様で、ここはカラスの造巣にも使われています。屋上看板は奥行きがあるので、貯蔵や営巣にピッタリなのです。

ウメウメ！

よく話題になる「線路の置き石事件」にも貯食が関係していることがあります。目撃情報などから「犯人はカラスだ」ということになるのですが、カラスは無意味に嫌がらせをして楽しんでいるわけではありません。線路には枕木があり、その周辺はすべて石です。線路は人もいないので、カラスにとっては最高の貯蔵場所なのです。食べ物を隠す時は石をどけて食べ物を置き、また石を戻します。次に食べに来た時に、置いておいた石を嘴でどけるのですが、それがたまたま線路上だっ

たのでしょう。食べた後は、どけた石のことまでは考えずに、そのまま飛んで行ってしまうのです。

2016年2月に、すすきのの商業ビルの屋上のレンガ片が落下して、運悪く通行人に当たってけが人が出ました。朝、すすきのにカラスが一番多い時間帯で、警察が「屋上にたくさんカラスの足跡があった。落としたのはカラスの可能性が高い」と報道発表をしました。この時は各テレビ局から私のところに取材がありました。そこで問題になったのは「カラスはどのぐらいの重さの物を落とせるのか？」ということと、その「目的」でした。

ちょいと失礼

私の観察記録では、カラスが物をくわえて移動できる重さは300グラムが限界ですが、くわえて落とすだけならもっと重くても可能です。この時もきっと屋上に貯食をしていて、それを取り出したはずみでレンガ片が落下したのかもしれません。貯食という習性が思いがけない事態を招いてしまったのではないでしょうか。

Q 20

フンから分かることって？

A 意外なものも出てきます。

人間も鳥も、食べ物は数日以内に必ず消化されて排泄されます。哺乳類の場合は糞と尿が別々ですが、鳥の場合は両方混ざって排泄されます。食べている物によって排泄される糞の見た目は変わりますが、「尿酸」を主成分とした尿は白っぽい場合が多いです。

魚を主食にしているカモメ類などの場合は、魚を丸呑みして骨を溶かすため糞の酸性度が高く、車などに付いてしまうと錆びる場合もあるようですが、カラスの糞ではそこまではならないと思います。

消化した食べ物のカスを糞として排泄するわけですが、カラスの場合は植物の種子などがそのまま排泄されることがあります。糞を見ると食べていたものがある程度分かるということになります。

鳥に食べてもらって排泄されないと発芽できないヤドリギのような変わった木もあります。ヤドリギの実を好んで食べるのは、バードウオッチャーにも人気の高いレンジャク類です。ヤドリギの種子は粘りが強いので、糸を引いて木の幹に張り付き発芽するのです。これも植物の生き残り戦略です。

雑食性のカラスは、油が染み込んだ紙やビニールなど、何でも飲み込んでしまいます。でもこうした人工物は当然ながら消化できません。かといって糞として排泄されるわけでもありません。ではそうした人工物はどうなるのでしょうか？

カラスやフクロウ、一部の猛禽類は、消化

できない人工物や骨などを「ペリット」としてまとめて口から吐き出すのです。

カラスのペリットは季節によって本当にさまざまで、札幌だと冬はどうしてもゴミなどを食べる機会が増えるため、吐き出されたペリットにはラップ、アルミホイル、紙類、爪楊枝や串などが目立ちます。

昆虫が増える夏は、翅や足などがたくさん混ざっています。物によっては昆虫の種類まで分かることがあります。

私が観察したところ、意外にたくさん食べているのが「ワラジムシ」です。あの独特な足を見ればすぐ分かるし、実際に食べている姿も見ています。ガなどの幼虫はほとんど消化されているでしょう。カメムシやテントウムシなど甲虫類のきれいな前翅も見られます。カメムシを食べたカラスのそばに行くと、独特のカメムシ臭がするのですぐに分かります。

季節が前後しますが、サクラの実も大好物で、その時のペリットは赤黒い物を多く含みます。同じように、秋になるとホオノキやコブシ類の種子がペリットとして吐き出されるようになります。

カラスは油が大好物だと何度も書きましたが、実はペリットで意外によく見かけるのが「コンドーム」です。コンドームには潤滑油がついているので食べてしまうのでしょう。研究のために何個か回収してあります。

1年のくらし

繁殖開始時期はハシボソガラスの方が早く、3月中旬から始まる。巣立ちを終える7月までは、人間などの外敵から雛を守るため神経質になる。5月下旬から7月上旬は特に気をつけたい。

ボクらの年間スケジュール

START

1月下旬〜3月中旬
求愛・造巣期

2月ごろから若ガラスの群れがやってきて縄張り争いを始める。古巣のチェックをしたり枝を運んだりと繁殖準備行動も見られるように。

3月中旬〜4月中旬
産卵・抱卵期

縄張り内の木に枝などを運び造巣開始。はじめは雌雄共同で行うが、やがてオスが巣材を運び、メスが巣を完成させる。交尾後、メスは抱卵を始め、オスは見張りを担当する。

4月中旬〜5月下旬
育雛《すう》期

抱卵から約20日間で雛の孵化が始まる。メスはまだ抱卵態勢のまま。やがて雌雄で雛への給餌が始まる。大きくなった雛が地上から確認でき、餌をねだる鳴き声も盛んに聞こえる。

5月下旬〜7月上旬
巣立ち期

雛の巣立ちが始まる。最初は枝伝いに移動を始め、徐々に移動距離が伸びてくる。羽ばたきも盛んになり、飛べるようになる。

7月上旬〜10月上旬
巣外育雛期

巣立ちを終えた雛は縄張り内にとどまりながら餌の取り方などを学び独り立ちに備える。幼鳥同士の群れができてにぎやかになる。

10月中旬〜1月下旬
独立・越冬期

幼鳥が独り立ちしてつがいだけの生活に戻り、夜は縄張りを出て集団ねぐらへ移動するようになる。

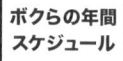

iii 珍しい行動 編

Q 21

何してるの？

――羽づくろい編

A 愛情あふれる行為です。

人間がシャワーを浴びてドライヤーで髪を乾かし、その後いろいろとアレンジをするように、カラスも羽をきれいに整えています。これを「羽づくろい」といいます。人間は整髪剤を使いますが、カラスの道具は嘴だけです。

羽づくろいは水浴びした後に行われることがほとんどですが、雨を利用するときもあります。「烏《カラス》の濡れ羽色」と言われるように、黒毛がきれいですね。

カラスの「整髪剤」は、尾羽の付け根にある「尾脂腺」から出る脂です。それを嘴で取り、体全体に塗りつけています。この脂が雨をはじくので、雨の日でも平気で飛べるわけです。

カラスにとって羽づくろいはとても大切な行為です。野鳥には必ずハダニなどの虫が付いていて、羽づくろいにはそれらを取り除く意味もあります。

特に5~10月の換羽期はむずがゆいのか、頻繁に羽づくろいをしています。そのころは羽が抜けやすく、拾った羽根の匂いを嗅ぐと、墨汁とキュウリを足して2で割ったような匂いがします。

ところで、羽づくろいをしているカラスが小さな声を出しているのをご存じでしょうか。文字にするのは難しいのですが、「グワァグワァ」というような小さな声です。録音したこともありますが、なかなかうまく録れません。

カラスでも猫でも、野生と飼育では同じ種でも行動が違います。カラスの場合は、小屋で飼育をすると上下関係が生まれるようです。はっきりしたことは分かりませんが、上位のカラスが下位のカラスに対して羽づくろいをするようです。野生でお互いに羽づくろいをするのは、主につがいや親子、兄弟です。

若いカラスは集団で移動しながらつがい相手や縄張りを確保します。仲間のご機嫌をとる必要もないし、上位も下位もないと思います。嫌ならその場から飛び去れば済む話ですから。

羽づくろいで一番微笑ましいのはやっぱり親子です。親は雛の体を一生懸命きれいにしています。雛が1羽しかいないと、両側に親が付き添って羽づくろいをすることもあります。ちょっと過保護ですね。

つがい同士の羽づくろいは、見ている方がなんだか照れくさくなるほどです。一方が頭を下げて、日ごろ自分では手が（嘴が）届きにくいところを羽づくろいしてもらい、ウットリしています。これをかわるがわる行うこともあります。

みなさんも、水浴び後の羽づくろいの様子や、仲良しつがいの睦まじい姿を観察してみてください。ささやき合うような声が聞こえてくるかもしれません。きっと、カラスの「かわいい」一面を垣間見ることができるでしょう。

Q22 何してるの？

――遊び編

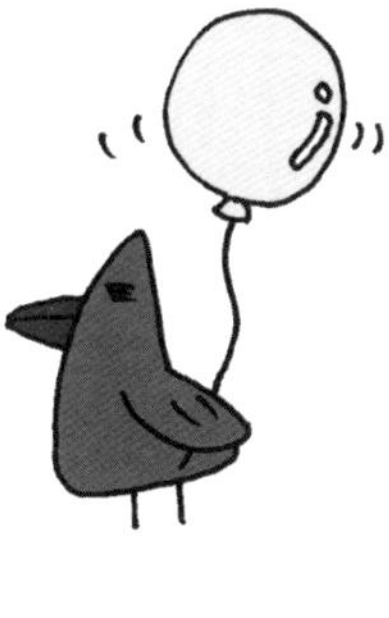
あそびの天才だって？
生きていること
自体があそびなんだよ

A やっぱり遊びの天才です。

テレビ番組の制作会社から、私のところに動画や画像提供の依頼が来ます。その中で一番多いリクエストが「カラスの珍しい行動の動画はありますか？」というものです。

これに対する答えにはいつも悩みます。なぜなら、一見いつもと同じ行動であっても、まったく同じ行動は二度とないからです。

例えばカラスが水を飲むシーン。水溜まりなどの水位が低い場所では、そのままでは飲みにくいので顔を斜めにして飲みます（この行動を見たいという人も多いです）。

食べる仕草にしても同様で、ブトとボソでは違いがあります。ボソは小さい物を食べるのが得意で、ブトはある程度の大きさのあるものをくわえて行き、屋根や樹上でゆっくり食べるのを好みます。

面白いのはミミズの貯食です。生きているミミズを貯蔵するのは、土の中に逃がしているのと同じことになり、あとから食べようとしても見つかりませんね。

私が撮影した動画で一番人気があるのが、豊平公園で水道の蛇口を自分で開けて水を飲む様子です（→P101）。真夏には足で蛇口をふさぎ、シャワーのようにして気持ちよさそうでした。

これができたのはボソのつがいのオスとブト1羽だけです。ブトの方は、人が見ているのに気づくとやってくれませんでしたが、ボソは人がいてもお構いなしでした。しかし、「不潔だ」とか「水が出しっぱなしになり税金のムダ使いだ」などの苦情が寄せられ、蛇口を簡単には開けない形に変えられたため、今は見ることができません。一般的に面白い行動をするのはブトの方で、面白いだけでなく、頭の良さも証明してくれます。

　壁面にツタを這わせている建物には、実がつくころになると多くのカラスが食べにやって来ます。しかし餌台のようにとまり木があるわけではないので、ホバリングしながら食べたり、枝にぶら下がったりして食べることがほとんどです。ただぶら下がって楽しんでいるだけのように見えることもあります。特に若いカラスほど、遊びの行動がよく見られます。

　カラスが逆上がりをするなんて信じられますか？　私はブトが枝を鉄棒がわりにいとも簡単に逆上がりをしている場面を見たことがあります（→P100）。これも、なんとも楽しそうに見えました。

　繁殖期に多いのは、ミラーガラスなどに映る自分の姿への体当たりです。この行動はボソでしか見たことがないのですが、映っているカラスが自分の縄張りに入り込んできたよそ者だと思うのでしょう。何度も体当たりしては、しばらく離れます。敵がいなくなったと思って近づいてみると、ミラーに映った「敵」がまた姿を現すというわけです。

　カラスって、どれだけ見ていても飽きない生き物なのです。

ぶ〜らん

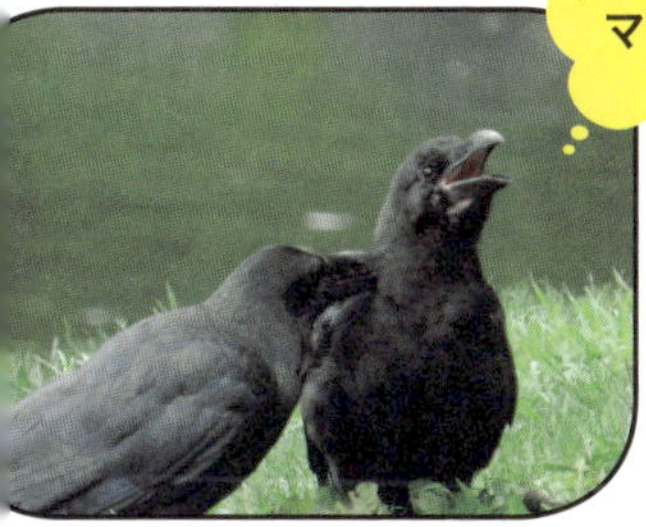
ママ♥

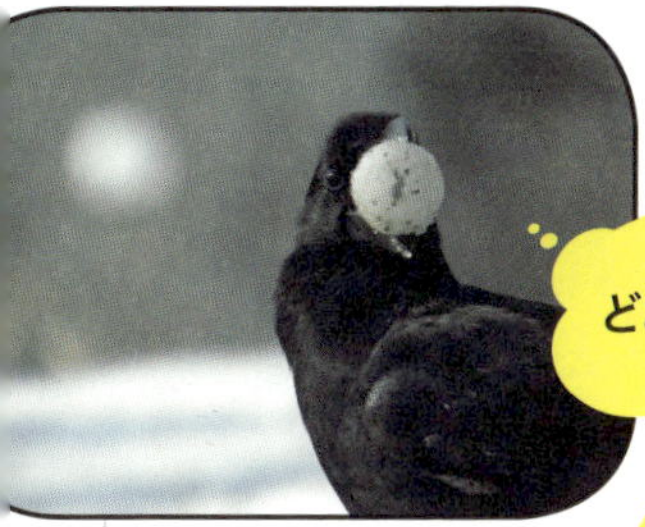
どお？

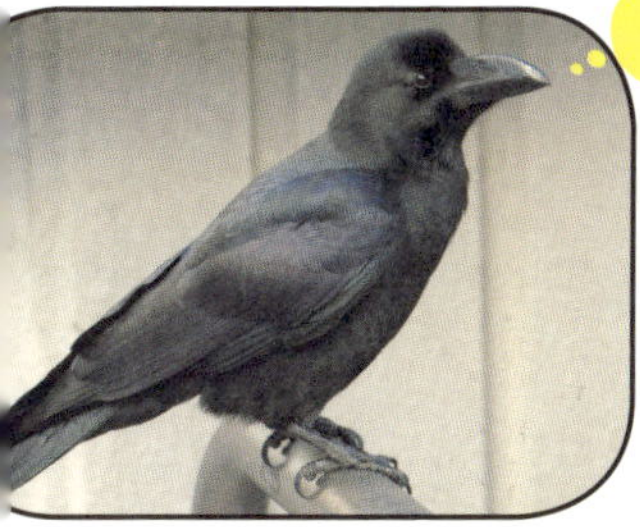
自慢の
羽色さ！

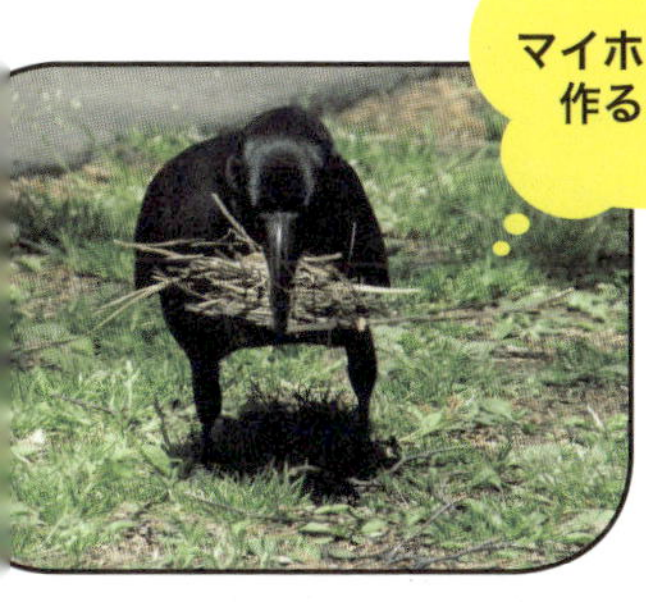
マイホームを
作るんだ

上手？

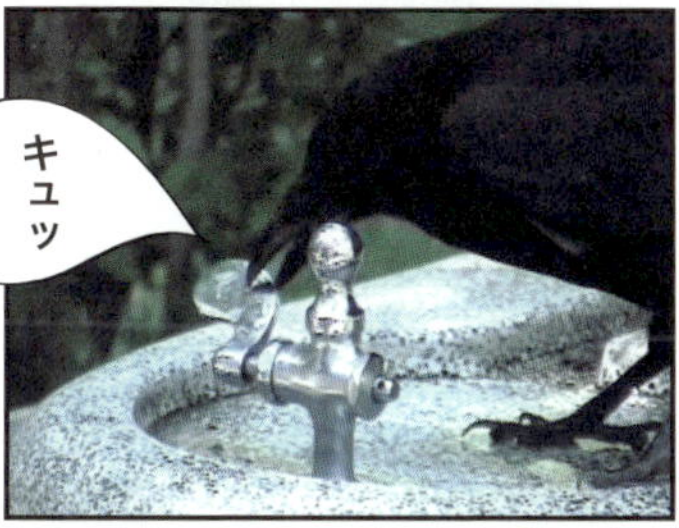
キュッ

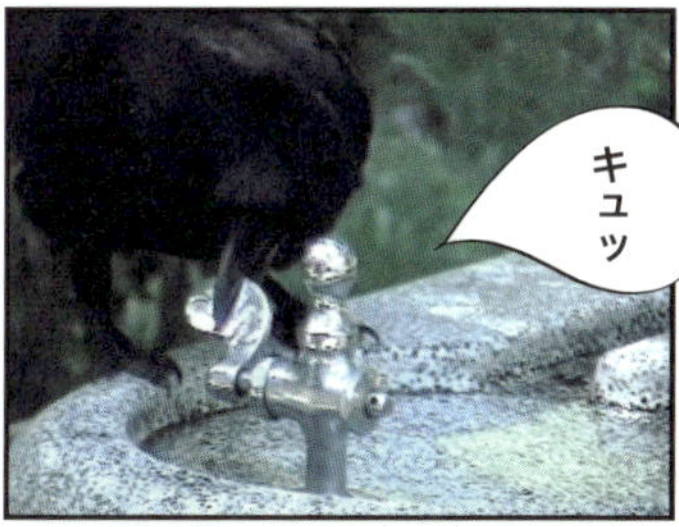
キュッ

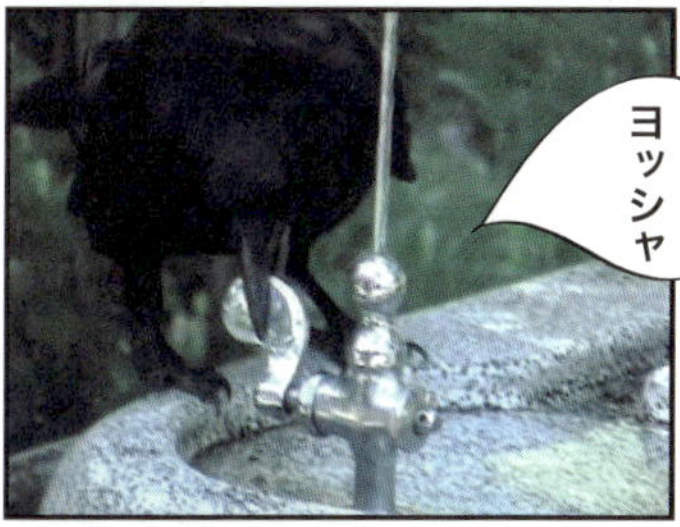
ヨッシャ

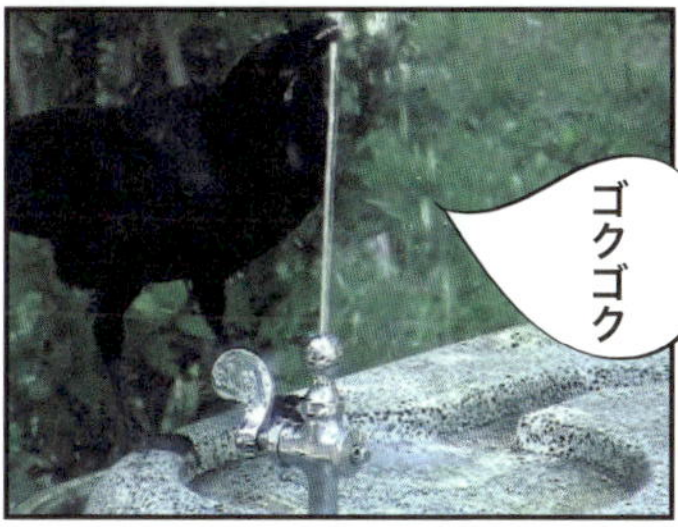
ゴクゴク

流れ着いたオスのエゾシカの死骸に集まるブト（2017 年 4 月、豊平橋付近）

ネズミをくわえるブト

豊平川中洲にあった巣と卵（4 月上旬）

蔦が這うサッポロファクトリー・レンガ館で

巣立ち２日目のブトの雛。口の中がまだ赤い

アオサギを追いかけるブト
（北区篠路「五ノ戸の森」）

イタヤカエデの黄葉の中で（中島公園）

高枝で雪浴び後に羽づくろい（豊平川河畔）

トビとブト

樹皮の隙間に貯蔵しておいたミズキの実を取り出して
食べるボソの幼鳥（豊平区「羊ケ丘３号公園」）

Q 23

何してるの？

——日光浴と蟻浴編

A 夏の楽しみ、至福の時間。

カラスはホントにきれい好きです。「ゴミをあさっているからゴミの匂いがする」と言った人もいますが……。

水浴びはもちろん大好きですが、季節限定なのが「日光浴」と「アリ浴び」です。

広い芝生などで日差しを浴びながらテクテク歩いていると思ったら、急に立ち止まって首をもたげて嘴を開き、翼を広げて地面にペチャンコになって日光浴を始めます。その時の顔つき（目つき？）はトロ～んとしていて、とっても怪しく見えます。

たまに「弱っているカラスがいる」と言われて見に行くと、怪しい目つきで地面に座り込み、日光浴に没頭している姿に出会います。確かに、事情を知らなければ「弱っている」と思われても仕方ありませんね。

日光浴は寄生虫除けの意味もあるとされ、芝生でするときと公園の砂場でする場合があります。真夏の砂場は砂浜の砂と同じくとても熱いので、魚焼き器の中のように上下から熱せられるはずですが、平気なようです。

アリ浴びは「蟻浴《ぎよく》」といいます。本州だと年中日光浴ができそうですが、札幌では夏限定。それもかんかん照りの日に縄張り内で行うことが多いよう

です。

カラスがアリを浴びるとはどういうことなのでしょうか。

子どものころアリを手に取ると、ちょっと酸味のある独特な匂いのする液体が手に付いたという経験はありませんか？　この液体には「蟻酸」という酸の一種が含まれています。この液体がどうやら寄生虫除けになるようなのです。

ではどのように蟻酸を体につけるのかというと、アリの巣をつついたり、座り込んでアリを怒らせたりして自分の体に這わせるのです。すると、興奮したアリが体中に蟻酸をつけてくれます。ただ、カラスも顔や目のあたりは嫌なようで、頭を振って追い払っています。アリにとっては迷惑この上ない行動ですが、カラスにとっては必要なことなのです。

ある程度満足したら、飛び上がって体に付いているアリを払ったり、食べたりしています。

真夏に見られる日光浴と蟻浴。運が良ければ二つが同時に見られるかもしれません。トロ〜んとした目つきも必見です。

屋根の上で日光浴

Q 24

何してるの？

――水浴びと雪浴び編

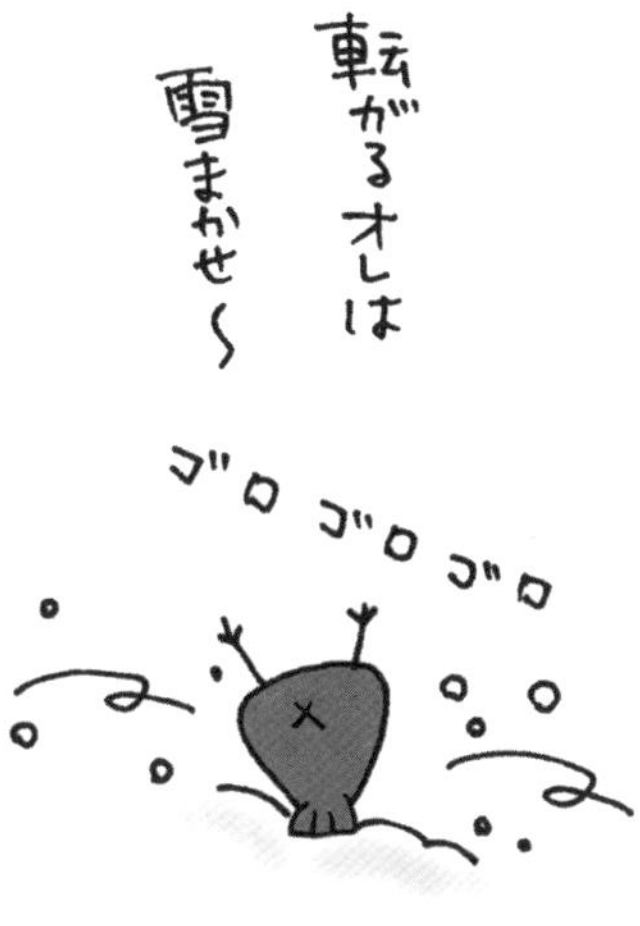

A 生活の中に遊びがあります。

「カラスの行水」という言葉をよく聞きますね。入浴時間がとても短いことのたとえですが、実際のカラスの水浴びは思ったよりずっと長く、顔や頭から始めて羽を使って体中に水をかけます。それを何度も繰り返し行います。晴れている日は水しぶきに虹ができて美しいのですが、なかなか写真にはきれいに映りません。

水浴びの目的は、もちろん体を清潔に保つことですが、夏には体を冷やす目的もあります。カラスは水鳥と違って泳げないので、お腹が水につくくらいの水位が限界で、一気に飛び込むこともしません。

たまに、水位が分からずに飛び込んでしまった幼鳥が慌てて翼を使って脱出するということもありますが、溺死してしまうこともあります。

さらに、積雪地域ならではの行動があります。「雪浴び」です。

ズボッ

カラスの雪浴びは、フワフワの新雪時に一番多く見られます。解けて表面が硬くなるとあまりやってくれません。公園などでも見られますが、よく集団でやっているのが河川敷です。河川敷では雪があまり硬くならないので、冬期間はほぼ毎日、「集団雪浴び」が見られます。さらに、河川敷の中州は人が足を踏み入れることがまずないので、雪浴び天国と言えます。

雪浴びの順番はこうです。まずは通常の水浴びをします。その後いったん樹上（私は脱衣所と呼んでいます）などへ行って羽づくろいをして、その後雪の中へ行き、水浴びと同じように翼や頭をバタバタさせて雪浴びを始めます。それを数回繰り返すと、腹部に小さな雪玉がつくことがあります。雪の中を走る犬の腹にできるのと同じです。

雪浴びはブトもボソも両方行います。見ていると、何となく「これって、遊び？　楽しんでる？」と感じることがあります。ブトだと雪浴びをしながら嘴を開き、まるでラッセル車のように突き進み、口の中を雪でいっぱいにして食べたり、そのまま吐き出したりしています。

ボソも同じようにラッセルをするのですが、小さな雪玉ができると、それをとても大事そうにくわえて飛び上がり、まるでクルミ落としのように落としています。

でも考えてみれば、雪の中に小さな雪玉を落としても見つかりませんね。それでもあきらめずに、また雪玉を見つけては同じことを繰り返します。

雪山を背中から滑り台のように滑り降りることもあるそうです（私は見たことがないのですが）。インターネットで検索すると、ヨーロッパのカラスの映像が出てきます。

傑作なのは雪の上をゴロンゴロンと転がるところです。これはボソ特有の行動だと思われます。なんと、お腹を上にして転がるのです。

人間の子どもと同じように、北国のカラスも雪遊びが大好きなのです。

中島公園の鴨々川は水浴びの人気スポット

Q 25

何してるの？

——風乗り編

A トップを狙っています。

カラスには波乗りならぬ「風乗り」という特技があるのをご存じですか？
風乗りはどちらかというと季節限定で、夏はあまり見られず、秋から冬にかけての方が多いようです。札幌ではこの時期に北西の風が強く吹くからでしょうか。
場所は高層マンションやビルの避雷針付近でよく見られます。テレビアンテナ付近もいいのですが、最近はアンテナ自体が減ってきました。ねぐらが近くにある場所ほど見られる確率が高く、好んで行うのは圧倒的にブトです。
避雷針で風乗り？　ちょっと想像がつきませんね。カラスは、あの細長い避雷針の先端を狙って何羽も集まり、一番てっぺんにとまろうとするのです。でも、とまった後に独り占めすることはありません。

　多い時だと10羽以上で1本の避雷針の先を争いながら風に乗って楽しんでいるように見えます。果たして、この風乗りに何か意味があるのか、それともただの遊びなのかはカラスに聞いてみないと分かりません。「カラスの勝手でしょ!」と言われそうですが。

　では、あの細い避雷針の先にどうやってとまるのでしょうか。実際にとまるときは、足を上下にずらしています。とまっている時間は短いのですが、そのカラスは実に満足気です。強風のことが多いので、すぐに舞い上がり、また次の個体がとまります。これを何度も繰り返します。風乗りをしているときの姿は実に美しいです。

　ちなみに風が強くても、台風の時にはしていません。台風のような悪天候だと、樹上ではなく地面にいて生け垣や何か風をしのげる場所でじっと風が去るのを待ちます。吹雪の時も同じです。台風と単なる強風の区別はどこにあるのか、カラスに聞いてみたいですね。

　風乗りをしているカラスを双眼鏡で見ると、尾羽や翼を細かく動かしてバランスをとっているのが分かります。尾羽がなくても飛べないわけではありませんが、舵を取るのは主に尾羽ですから、この微妙な動きもぜひ見てほしいと思います。

カラスのコラム 3

都市伝説とカラスあるある

カラスにまつわる「都市伝説」の数々。
以下はいずれも根拠のない迷信のようなものです。

カラスが生肉を食べると狂暴になる	火を通せばいいのかな？
カラスは集団で襲ってくる	実際に人を攻撃するのはつがいだけだが、野次馬ガラスが集まるからそう感じるのでは
カラスは黄色が見えない	ＵＶカットされた材質でなければ無意味
カラスは黒い服装の人ばかり襲う	最初に手出しした人が着ていた服の色や顔を覚えているだけなので黒は無関係
地震の前にはカラスが騒ぐ	樹上に振動が早く伝わるだけ
カラスは年に何度も繁殖する	失敗すれば再営巣することはあるが、基本的には雛を巣立たせたら年に１度で終わる
カラスは巣にすんでいる	子育ての時に使うだけで、すんではいない
カラスは光る物が好きなので、はげた人をつつく	光る物が好きなわけではなく、年配の男性がターゲットにされやすいだけ
ゴミステーションのそばに巣を作る	これが本当なら、ビジネス街にはゴミステーションがないのでカラスが営巣していないことになる
東京のカラスは狂暴性が高い	手出しされ続けることによって緊張度が高まっているだけ
カラスのそばに磁石を置くと飛べなくなる	そこまで強い磁場なら電子機器の方が先に壊れる
カラスが集まると人が死ぬ・死体がある	スカベンジャー（動物の死骸や排泄物を食べる動物）なので、死体に集まることはあるが、人が死ぬのとはもちろん無関係

iv 子育て編

Q 26

どうやってペアになるの？

もうちょっと若いカラスがいいんだけど
はあ!?

A 人間もカラスも、デリカシーが大事です。

人間も鳥も、相性の良い伴侶を見つけないと子孫繁栄ができません。鳥の場合は「繁殖のたびにつがいとなる相手を変える」「どちらかが死ぬまで一生相手を変えない」「一夫多妻」などさまざまです。

人間と野鳥の求愛にはいくつかの共通点があります。相手の気をひくためにプレゼントをしてみたり、格好良く見せたりと、その努力は涙ぐましいばかりです。もちろん、その努力すべてがかなうわけではありません。

身近な野鳥に「コゲラ」という小さなキツツキがいます。オスが子育てのために一生懸命木に巣穴を掘り、ようやく完成したと喜んでメスを迎え入れようとしたら、その隙にスズメに乗っ取られてしまっていたというケースがよくあるそうです。

カラスは基本的に「一夫一妻」です。ブトが成鳥になって口の中が真っ黒になるまでには3年ほどかかります（ボソの場合は真っ黒にはならないのですが、限りなく黒くなります）。そうなると繁殖が可能になります。しかし実際には、生まれた年の10月以降に独り立ちを迎えると、まだ口の中が赤い状態の若い個体も、求愛給餌をしたり、交尾の真似ごとをしたりする姿を見かけます。

カラスは独り立ちしてからペアになり、その後、自分たちの縄張りを勝ち取れるまでは集団で行動をしているようです。秋ごろに大きな公園などでたむろしているのがそれです。集団で生活している間に伴侶が見つかり、そこから離れていくケースもあるでしょう。しかし、全てのペアが縄張りを持って子孫繁栄ができているとは思えません。一生縄張りを持てずに、若集団と行動を共にしている場合もあるでしょう。

カラスの求愛の方法はどうでしょう。

まずはオスからメスへ、食べ物をプレゼントします。メスが受け取ってくれたら求愛は成功ですが、無視されたら失敗です。食べ物を求愛の手段に使うのは、「オレはこんなにおいしい食べ物を調達できるよ」というアピールです。

チュッ❤

人間の男性が女性に婚約指輪をプレゼントして経済力を示すのと同じようですが、人間は現金がなくてもローンで買えますね（笑）。

カラスのメスはとても甘えん坊で、特に繁殖期になるとオスに盛んにおねだりをしています。その姿は実に微笑ましいのですが、オスにもずるい面があり、おいしい物は自分だけで食べてしまい、おねだりしてくるメスには貯食していた物をあげているところを見たことがあります。カラスも人間も、おいしいものは独り占めしたいのは同じなのでしょう。フラれたオスが、同じ食べ物をすぐに別のメスのところへ持って行って求愛したけれど、やっぱりフラれてしまうという場面もありました。人間もカラスも、デリカシーが足りないと、何事もうまくはいかないものです。

ニート君ものがたり①

Q 27

一生相手を変えないの？

A 基本的には「一夫一妻」ですが例外も。相手が変わると、巣の作り方も変わるようです。

結婚式で「健やかなるときも、病めるときも、喜びのときも……」と誓いの言葉を述べた経験がある人も多いのではないでしょうか？　人生で最も幸せな瞬間が一生続くと思い込むわけです。しかし実際には、脳内の「恋愛モード」は3年から5年で消失してしまうそうです。人間という動物が他人同士で一生を共にしていくには、なるほど苦労が絶えないわけですね。

さて、カラスは基本的に「一夫一妻」です。ただボソの場合は例外もあり、一時的に一夫二妻の状態になることもあります。

カラスは縄張りを持ち、その中で繁殖するので、仮にペアのどちらかが入れ替わっても縄張りは消滅しません。もし相手が入れ替わっても、危険人物の情報などがきちんと伝達されていることには驚かされます。

また、1年間に繁殖する回数も種によって異なります。スズメ類のような捕食されやすい鳥の場合は、繁殖期に何回も子育てをして、1羽でも多く自分たちのDNAを残そうとしています。

カラスなどの大型鳥類は繁殖期間が長いため、一度雛を巣立たせると、その後にまた繁殖することはありません。カラスは春の造巣から雛の独り立ちが始まる秋頃まで約半年間を繁殖に費やします。他の大型鳥類も似たようなところです。

「カラスは何度も子育てをするのでどんどん数が増える」という誤解がありますが、それは最初の育雛に失敗したか、人為的に巣を取られたために再営巣しているのです。ただ、こうした誤解は自治体の担当者にもあるようで困ります。

カラスは1度の繁殖で多くて5羽のヒナを巣立たせることがありますが、普通は2羽から3羽です。そのうち翌春まで無事に生き延びる個体はさらに少なく、本当に強くて知恵のある個体だけが生き残っていきます。

そう考えると、街なかや公園で縄張りを持って子育てができているカラスは本当に「選ばれた」個体です。縄張りは常に他のカラスに狙われているわけで、油断はできません。特にボソの場合は、ブトに追い出されるケースも少なくありません。一見のんびり木の枝にとまっているように見えても、常に広範囲を警戒しているのです。

さて、私は何度かペアの死別などで相手が交代したつがいを見ていますが、相手によって変わるのが巣の形状です。巣にはそれぞれ個性があり、同じつがい相手だと形状や巣材に変化はほとんど見られないのですが、相手が変わると、枝の代わりにハンガーが増えたり、巣の大きさが変わったりと変化が見られます。

カラスってやっぱりユニークだと思いませんか。

Q 28

縄張りはあるの？

ちょっとお～
ここからは
うちなのよー
プン
プン
すみません
……

A 街なかだと１丁に１つがいの割合で縄張りが隣り合わせています。

よそ者はいないか？

「鳥のように自由に空を飛びたい」と一度は思ったことはありませんか？カラスがスイスイと気持ちよさそうに飛んでいる姿を見ていると一緒に飛びたくなります。

ブトとボソでは飛び方が違います。ブトは別名「森林ガラス」と呼ばれていて、込み入った樹林帯でも、縦になってでもスイスイと飛ぶことができます。

それに対してボソは別名「田舎ガラス」。開けた場所を好みます。ボソは長距離飛行に向いているのではないでしょうか。翼はブトより細長く見えます。

一見、自由気ままに飛んでいるように見えるのですが、カラスには縄張りがあります。いつもだれかの縄張りの上を飛んでいるようなものです。カラスに限らず、ほとんどの鳥が縄張りを持っていて、その中で子育てをしているのです。

縄張りの広さはそれぞれです。

街なかのカラスと広大な農村地帯のカラスでは全然違うし、ルールにも違いがあるように思えます。ライバルに打ち勝って縄張りを持つということは思った以上に大変なことなのです。

縄張りを持たないカラスは基本的には繁殖をしません。ときどき縄張りと縄張りの隙間にこっそり入り込んで繁殖する場合もありますが、その年だけということも少なくありません。確証はありませんが、一生縄張りを持たず、このように隙間でちゃっかり繁殖をして生涯を終えるカラスも多いのかもしれません。実際にそういうつがいを何度か見ています。

縄張りと巣とねぐらは、本来まったく利用法が違います。これらの区別がつかないことが多く、人間が間違った対応をしている場合も少なくありません。

ねぐらの多くは秋から冬にかけて形成される大規模なものです。日が暮れるころになると、縄張りを出て市内数カ所にあるねぐらへ移動してそこで寝て、朝に再び自分の縄張りに「出勤」するわけです。もちろんねぐらの中にもだれかの縄張りがあるのですが、それほど神経質になる時期ではないため争いは起こりません。

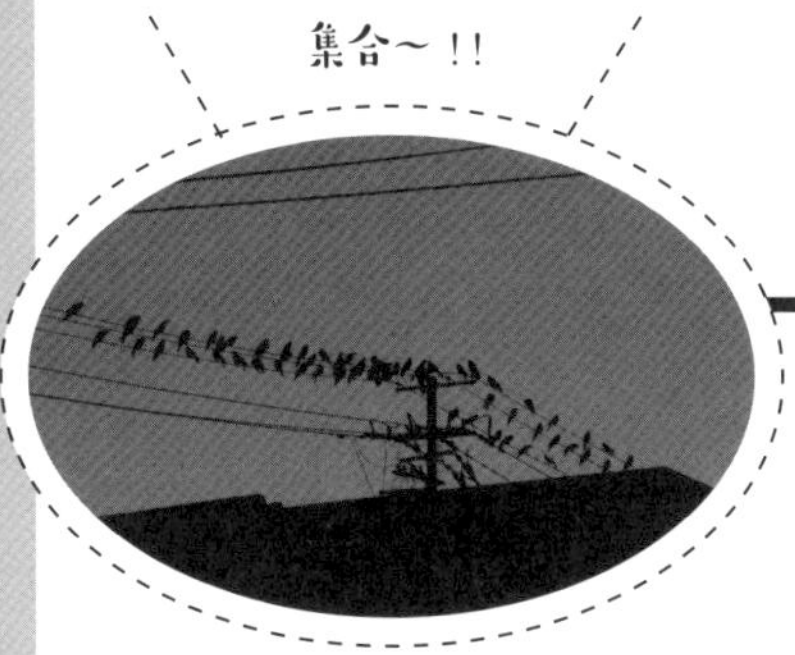

縄張りの上空はどうなのでしょうか。どのぐらいの高さなら侵入が許されるのかは、時期によって違いがあるようです。繁殖期だと、縄張りの上空を通過するだけでも気に障るのか、相手を追い回すことがあります。

街なかのカラスの場合は縄張りが狭いため、繁殖をするのが精いっぱいで、食べ物や水は、やむを得ず離れた場所で調達することもあります。ビルが立ち並ぶ街なかでは見通しがきかないため、縄張りの範囲が狭まります。だからでしょう、街なかは縄張りを持つカラスが多いのです。ことによると、1丁に1つがいぐらいかもしれません。

　札幌の街なかで緑が多い北海道庁や大通公園、北大植物園などはその良い例です。

　ただ大通公園の場合は、周辺の街路樹が剪

定されたりすると、その年だけ公園の片隅に「居候」して営巣するつがいもいますが、不思議と争いは起こりません。たぶんお互いの存在を認識していて、無駄な争いをしないようにしているのでしょう。

　カラスが縄張りを持ち続けることはとても大変です。さらに、一旦奪われた縄張りを取り戻すことはまず不可能。本当に強い者しか生き延びられない過酷な世界なのです。

Q 29

巣はどうやって作るの？

A 「婦唱夫随」です。

カラスは、繁殖期に入ると求愛してつがいになり、子育てを始めます。

　子育てには巣が必要です。巣の形状は種によってさまざまで、人間には決して作れない造形物のようにも思えます。強風にあおられて、枝先などにあった巣が落ちてしまうこともありますが、めげずに作り直します。

　巣材にハンガーがよく使われていることはご存じだと思います。では、カラスはハンガーのどの部分をくわえて飛ぶでしょうか。答えはフックではなく、その少し横の部分です。

カラスほどの大型鳥類になると、巣も大きくて目立ちます。ヤドリギをカラスの巣だと勘違いする人も少なくありません。確かに、遠くから見ると鳥の巣にも見えますね。カラスの巣の多くは樹上に作られますが、広告塔のフレームやビルの看板などに作ることもあります。
　中でも一番困るのは電柱でしょう。電柱での営巣への対応は各電力会社によって異なりますが、北海道電力の場合は原則的に、電柱に作られた巣は取り除いています。電柱は安定性が高いため営巣にはもってこいなのですが、使われたハンガーが電線に接触

して停電になる場合も多いのです。

それでは巣材がハンガーじゃなくてすべて枝ならいいのかというと、そうでもありません。雨で枝が濡れると、やはり通電して停電が起きるようです。

ということで、電柱での営巣は人間にとってはＮＧ。それなら産卵前に取ってしまった方がカラスへの刺激も少なくて済み、別な場所に移ることもできます。ですから私は、春に電柱の巣を見つけると、北海道電力に連絡して対応してもらいます。普段私は「巣を見つけても取らないで」と言っていますが、

産卵後や雛が孵化した後に取るよりはましです。
カラスの巣づくりは見ていて本当に面白い。つがいで意見が割れて雌雄で別々に作る場合もあるのですが、最終的にはメスが作った巣を使うパターンが多いようです。繁殖はメスが主導権を握っているのです。
長い枝を好む個体や、針金ハンガーではなくプラスチック製の場合も。洗濯ばさみがついたままの時もあります。家庭菜園に使うプラスチックの白い仕切り板がお気に入りのボソのメスがいて、毎年古巣から引き抜いて土台に

使っています。

巣は清潔で温かく、居心地が良いことが大切なので、毎年新しいものを作ります。でも、楽をしたいと考えるのはカラスも人間も同じ。縄張りが近いと、どちらかが留守にしている隙に巣材を失敬したりしています。新しい巣を作る前に必ず古巣を壊すつがいもいれば、コレクションのように残しているつがいもいます。

一度に数個の巣を作るカラスもいます。ダミー（偽装）のためという説もあり、最後に使う巣は一つなので、やがてどれが本物の巣か分かります。ダミー巣を貯

食場所として利用する場合や、繁殖に失敗した際に代わりの巣として利用することもあります。
最も繊細な作業が必要になるのは、卵を置く「産座」の部分です。土台を作り、最後の仕上げはメスの担当です。抱卵するメスの体にジャストフィットしなければなりません。
保温も大事です。卵を冷やさないよう保温性に優れた巣材を探します。街なかのカラスだと、公園に行けば犬の毛や樹木の冬囲いに使うシュロ縄などいろいろな巣材が手に入ります。驚くほどたくさんの犬の毛をくわえてい

ることもあります。

　犬の毛はそのまま使えるので問題ありませんが、シュロ縄などは細かく裂かないと保温には向かないようで、嘴で器用にほどいています。この作業は雌雄共同で行われ、性格がよく現れます。大雑把にほどく個体もいれば、見ていて気が遠くなりそうなくらいに細かくほどく個体もいます。つがいの片方が「もう巣に行こうよ！」と言わんばかりにそばで巣材をくわえて待っていることもあります。

　巣作りの間、ブトのつがいが体を寄せて、

「クワックワッ」とささやき合うように鳴いている光景を見かけます。道を歩いていると、どこからともなくこの「造巣のささやき」が聞こえてきます。この声は本当に柔らかいトーンで、普段威嚇鳴きをしている鳥と同じとは思えません。こんなささやき声を聞けば、巣を落とすなどという残酷なことはできません。
　巣材に動物の毛が使われることを知っていて、ペットの犬や猫の毛を庭に放る人もいます。カラスもそれを分かっていて、しっかりいただいていくのです。

Q 30

卵はいくつ産む？

A 3～5個。7つは産みません。

ニワトリは毎日のように卵を産むことができますが、カラスはそうはいきません。他の鳥も同様です。鳥は種によって産む卵の数や産み方に違いがあります。1日に1個産んですぐに抱卵に入る種もいれば、全部産み終わってからまとめて抱卵を行う種もいます。

「カラスは卵も雛も黒い」という思い込みがありますが、決してそのようなことはありません。カラスの卵はペパーミントグリーンの地色に茶褐色の模様が入っています。色は違いますが、ウズラの卵の模様に似ています。

卵の模様は1個ずつ違っていて、カラスの場合は産むたびに模様の色が濃くなります。最後に産む卵を「止卵《とめらん》」といいます。読んで字のごとく「産卵終了」という意味です。

「七つの子」という童謡の影響か、「カラスは7個卵を産む」と思っている人が案外たくさんいます。実際はどうなのでしょうか？人間の手で巣を取られてしまったケースで、最高6個という記録があります。通常はブトもボソも3～5個といわれています。

産んだ卵のすべてが順調に成長できるわけではありません。むしろ、私たちが目にする巣立ち雛は、生き残った個体だといえます。実際に運よく巣の上から観察できたことがあり、雛の数が日に日に減っていくのを目の当たりにしました。

最終的に1羽しか巣立たなかったり、全滅したりすることも少なくありません。カラスのような大型鳥類は繁殖が年に1度しかできないので、失敗するとその年は子孫が残せません。

カラスの場合は1個産むとすぐに抱卵に入り、また翌日以降に1個産むというサイクルを繰り返すようです。たった数日の違いですが、最初に孵化した雛が一番たくさん給餌を受けることができます。

親がえこひいきしているわけではなく、一回り大きい雛は、いち早く首を伸ばして大きな真っ赤な口を開けて親におねだりをします。親は、積極的におねだりをしてくる雛にどんどん食べ物を与えてしまうというわけです。

マガモの場合はまとめて抱卵に入ります。産んだ日にちは違っても、一気に抱卵するので孵化の時期も同じです。マガモの引っ越しが時々ニュースになりますが、雛の大きさにあまり差がないのはこうした理由からです。

大型鳥類は産卵数が少ない分、産卵のタイミングをずらすことにより雛の成長度合を調整して全滅を防いでいるように思えます。最後に孵化した末っ子も頑張っておねだりをするのですが、大き

チョコミントアイスの色みたい！

な雛に追いやられてしまい、給餌してもらえる回数が減り、十分に大きくなれずに死んでしまうことも少なくないようです。しかし、これによって確実に強い子孫を残そうとしているのでしょう。卵の数や産卵方法も、カラスの生き残り戦略の一つなのかもしれません。

ニート君ものがたり②

Q 31

子育てはいつから？

A 2月には準備を始めます。

人間は年中子育てをしていますが、カラスは子育てできる期間が決まっています。この期間を「繁殖期」といいます。ネコなど一部の哺乳類や爬虫類には、鼻のそばに繁殖ホルモンを感知する「ヤコブソン器官」（鋤鼻《じょび》器官）というものがあり、相手の匂いを嗅ぎ分けています。

雄ネコが口を半開きにして、まるで笑っているような顔をしていることがあります。これは「フレーメン」と呼ばれ、匂い物質を取り入れるための行動です。ヘビが舌をペロペロ出しているのも実は同じです。

カラスにはこうした器官はありませんが、繁殖ホルモンの分泌が活発になってくると行動が変わり、オスは縄張り宣言をしたり侵入者を追い払ったりと忙しくなり、2月には既にノリノリな状態になります。同時に、縄張りを持っていない若ガラスの集団がテリトリーに入ってくる時期でもあります。高齢のつがいの中には、戦いに負けて縄張りを奪われてしまう場合もあります。

このように、2月ごろから行動が活発になり、縄張り周辺の「パトロール」も強化し、古巣に出入りするオスが雄叫びを上げている時があります。これを見て「もう威嚇が始まったのか」と役所に電話をする人もいるくらいです。

この時期になると、カラスのつがいはとにかくいちゃいちゃしてばかりで、メスはなお一層甘えっ子になってオスに食べ物を要求したり、頭を下げて羽づくろいを要求したりしています。

繁殖期間の前半が過ぎた3月中旬になると、いよいよ造巣の準備です。地面採食をしていても、良さそうな枝を見つけるとついついくわえてしまうのがこの時期です。しかし、巣の土台は大事な基礎部分ですから、丈夫な材料を選びたいものですね。土台にハンガーなど丈夫な物を使うのはそのためです。カラスの巣作りに耐震偽装はありません。

特にブトの針金ハンガーづかいは達者なものです。針金ハンガーの工作は人間でも難しいですが、てこの原理までを駆使して見事に曲げていきます。カラスは工作のプロと言えるでしょう。

そして土台が出来上がると、徐々に使う枝が細くなります。仕上げに当たる「産座作り」は雌雄共同で行い、どちらも巣材運びをしますが、実際に巣を仕上げるのはメスです。抱卵するメス自身がジャストフィットするように整えていきます。産座が完成したら、いよいよ交尾をして産卵・抱卵開始です。

造巣期からカラスに威嚇される人がいます。それは、その人が普段、カラスに対して相当敵対的な行動をしている証拠です。通常は、生まれた雛が巣立つ前後までは人間を襲ったりはしません。カラスの様子を静かに見守ることがお互いのためなのです。

Q 32

どうやって巣立ちするの？

A キツツキみたいに格好良くはありません。

ハンガーを駆使した立派な巣

3月中旬から巣づくりを始め、3月下旬から4月上旬にかけて産卵、抱卵をして、4月中旬から5月にやっと雛が孵化します。野鳥の成長スピードは意外に早く、あっという間に大きくなります。

巣立ちは種によってさまざまです。地面に造巣する水鳥類は、孵化と同時に綿羽が生えていて、目も開き、すぐに歩いたり自分で採食できる種が多い。でもその分、飛べるようになるまでには時間を要します。

それに比べて、カラスの雛は丸裸で、目も開いておらず、当然ながら採食もできず、親なしでは成長することができません。孵化後、目が開く約2週間後に初めて、「鳥肌」に黒くポツポツとペン先のような羽が生えてきます。

羽が生えて全身を覆うまでは、親鳥は抱卵と同じように「抱雛《ほうすう》」します。見た目は抱卵と変わらないようですが、体が少々浮き気味になります。このちょっとした変化で、抱卵開始日が不明でも、孵化しているかどうかの判断がつきます。

抱卵・抱雛はメスだけが行い、オスはメスがちょっと留守をする間だけ巣に入り傍らに寄り添いますが、座ることはほとんどありません。オスが巣内の雛を見下ろしている姿はウットリしているようにも見えます。

さて、雛はどんどん成長して翼が生えそろって大きくなり、巣内が狭くなってきます。それぞれが羽ばたきの練習を始めて胸の筋肉を鍛えていくのでしょう。5月下旬から6月ごろになり、巣の縁に止まって羽ばたきをしていると、体がフワッと舞い上がることがあり、そのまま落ちてしまうのではとヒヤヒヤさせられます。

あ〜〜〜ん

雛の巣立ちといえば、キツツキのように巣穴から一気に飛び立つ姿を想像するかもしれません。でも、カラスの場合はそうした格好の良い巣立ちではありません。先ほどの羽ばたきの延長のように、巣から近くの枝へと移動するのです。これでも一応巣から出ることになるので、巣立ちです。

普通は一旦巣立つと巣に戻ることはほとんどないのですが、カラスの場合は、雛が完全に巣から離れるまでに数日を要します。つまり、一旦枝に移動しても、再び巣へ戻るのです。これを繰り返していくうちに移動距離が伸びてきて、同時に飛翔力もついてきます。
そのままちゃんと飛び立ってくれれば何の問題もないのですが、同じカラスでも、ブトの場合はなぜかうまく飛べない状態で羽ばたいて移動してしまい、次の枝や木に止まることができずに地面に「不時着」してしまいます。翼は生えそろっているので基本的には飛べるはずなのですが、まだ平行に飛ぶことしかできず、樹上へ飛び移ることができないのです。こうなると、親鳥が心配して雛の近くにいる人間を追い払おうと、威嚇行動を取ってしまうわけです。

巣立ち、成功

巣立ちが上手くできてさらに飛翔力がつけば、もし地面に落下しても自力で樹上へ飛び上がることができます。そうなると親の威嚇行動も激減していきます。
6月中旬に巣立った雛は、10月ごろまで親の縄張り内で暮らしますが、それ以降は徐々に独り立ちをして親元を去り、1羽のカラスとして生きていくことになります。

Q 33

人を襲うのはなぜ？

A　ただひたすら「家族を守るため」です。

5月初旬。早くに繁殖を始めるボソなら、すでに巣内には孵化したばかりの丸裸の雛がいる時期です。巣を撤去する業者さんに聞くと、ブトの産卵はもう少し遅く、このころはちょうど抱卵を始めたばかりだったたり、卵があったりなかったりとまちまちだそうです。

業者さんといえば、なぜこんなにもカラスの巣を撤去してほしいという要請が多いのでしょうか？　一番多い理由が「人を襲ってくる」「特に老人や子どもは危険」という声です。

ではカラスが人を狙う理由は何だと思いますか？　それは「人間が嫌い」とか「あの人が嫌い」という感情的な問題ではなく、「雛や巣を守りたい」という思いからです。

通常、カラスが人を狙うのは雛の巣立ち日の前後に集中していて、雛が地面に落ちてしまった場合などはまさにパニックに陥り、周囲の動くものすべてを雛から遠ざけようとします。人間はもちろんのこと、自転車や、時には車でさえ遠ざけようとして低空飛行や「蹴り」を入れてきます。

巣立ったばかりでほとんど飛べない状態の雛は、一旦地面に降りてしまうとなかなか樹上へ戻ることができません。親も雛に「動かないでじっとしていなさい」という指令を出しているようにも思えます。雛が一生懸命羽ばたいて木の幹に張り付き、樹上へ移動しようとしている様子は涙ぐましいものがあります。カラスに限らず、生き物であれば自分の家族を守ろうとするのは当たり前の行動でしょう。

前にも書きましたが、カラスの親が「人を狙う＝威嚇する」のは1年のうち巣立ち日の前後約1週間ずつに集中しています。ただし、すべてのカラスが同じ日に繁殖を始めるわけではないので、巣立ちにもずれが生じます。その結果、カラスの巣立ちが始まる5月下旬から7月上旬までが「危険日」となります。逆に言えば、これ以外の時期に狙われることはほとんどありません。

カラスが実際に威嚇行動に出るまでには次のような段階があります。

●レベル0↓無反応
●レベル1↓じっと見る
●レベル2↓威嚇鳴き
●レベル3↓接近してくる
●レベル4↓追跡、枝や葉を突いて落とす
●レベル5↓頭スレスレ低空飛行
●レベル6↓後頭部を蹴る

しかし、日ごろから人間に手出しをされていたり、巣を取られたことがあるカラスの場合は、いきなり低空飛行から始まるというような場合もあります。その要因は人間によってつくられていると言えます。

また、単に飛行移動している最中に人の頭をかすめていっただけなのに、それを「襲われた」と思ってしまう人も多いのです。

Q 34

若ガラスはやんちゃやもの？

オレたちにこわいものなんてないのさ!!
夜露死苦!!

A 毎年秋を過ぎると、集団で悪さをします。

カラスは独り立ちすると若集団に入り、やがて伴侶を見つけ、縄張りを確保して繁殖をします。ここまでで約3年かかります。鳥は大型になればなるほど成長にも時間がかかりますが、その分寿命も長いのです。

では3年もの間、若いカラスたちは一体何をしていると思いますか？　よく観察してみると、まだ口の中が赤い状態の（成鳥ではない）個体がつがいになっていることも多いようです。先につがいになって縄張り確保を狙いつつ、放浪生活をしているように思えます。

若いカラスがたくさん集まる場所は、池や川などの水場があり、芝生や花壇、ちょっとした樹林帯がある大きな公園です。もちろんそこにも縄張りを持っているベテランガラスがいますが、カラス界の掟《おきて》があるようで、決まったメンバーだと争いはあまり起こらないようです。

若ガラスは実にやんちゃもので、遊びの達人でもあります。木の枝や葉っぱ、石ころなど、何でもおもちゃにしてしまうし、人間の子どもと一緒で、だれかが何かで遊んでいるとそれが欲しくて欲しくてたまらなくなり、何とか奪い取るのですが、いざ奪ってしまうと飽きてしまうのか、すぐに放り出してまた次のターゲットを見つけます。

公園の芝生や花壇は、こまめに水を与えないと枯れてしまいます。そのため地面に埋め込み式の自動散水装置があり、散水口がゴムでできていると、それを引きちぎってしまい

なんですカア～!?

ます。石ころも大好きで、くわえては見せびらかすように吐き出しを繰り返しています。本当に気に入ったものを隠している時もあります。あとで取り出すことがあるのかどうかは不明です。

嘴が半分折れている若ガラスが時々いるのですが、人為的なものとは思えません。公園の囲いなどに使っている太めの竹に嘴を差し込んでガッチリはまってしまい、もがいているうちに折れてしまったのではないかと考えています。

遊んでばかりいるように思えても、実はちゃんと将来のために修業もしていて、特に他のつがいが使っていた古巣には興味津々です。

若ガラスが群れ始めるのは秋以降が多く、2、3月になると集団で公園などにやって来て、古巣に集まり大騒ぎをしています。

秋に古巣を壊しているのはほとんどが若ガラス集団です。こんなことをされて、縄張りの主は追い出さないのかと思うのですが、繁殖期が過ぎているからなのか、特に追い出す素振りは見られません。

ところが、この若ガラス集団が繁殖期に現

れると、ちょっと厄介なことになります。古巣を壊している分にはさほど問題はないのですが、抱卵中の巣にも入ってしまい、大騒ぎをして卵や雛を死なせてしまう場合があるのです。繁殖中のカラスのつがいは強いのですが、たくさんの若ガラスに囲まれては、多勢に無勢で守り切れなくなります。

　さらに、相手がボソのつがいだと、手出しはいけないと分かってはいても、つい若ガラス集団を追い払ってやりたくなります。実際に抱卵中のボソの巣を若ガラス集団が破壊してしまったことがあり、そのボソは再営巣しませんでした。

　雛がある程度大きくなると、親が2羽で食料調達に出かけることが多くなります。その隙に若ガラスが巣に集まってきて、まだまったく飛べない雛を巣から出してしまうこともあります。若ガラス集団は、時期によってはカラスの最大の天敵になるのです。

カモメとの気になる関係

札幌の街なかでオオセグロカモメが見られるようになったのは2000年代のはじめごろから。立体駐車場やビルの屋上で繁殖していることが確認されました。当初はカラスも警戒して、卵を取ったり親鳥とケンカしたりと相当なバトルがありましたが、それも年とともに減りました。本来、海岸の岩場に「コロニー」（集団居住地）を作って営巣するオオセグロカモメは、立体駐車場やビルの屋上を拠点にしたため、カラスとのすみ分けが可能だったのでしょう。

７月下旬から８月に巣立ったオオセグロカモメの雛は豊平川などへ移動していきます。以前はビルの屋上で集団ねぐらを作っていましたが、私が調べたところ、現在は大半が銭函方面の海岸へ戻って寝ていることが分かりました。

カラスとオオセグロカモメは、秋になるとサケの死骸を食べます。カラスは水鳥ではないので深いところにある死骸は食べられないのですが、オオセグロカモメが中洲などへ運んだものをカラスたちも食べています。仲良く一緒に食べるようなことはありませんが、どちらかが食べ終わって去るのを待っているようです。

V 困った編

Q 35

公園で唐揚げ弁当を食べていたら！

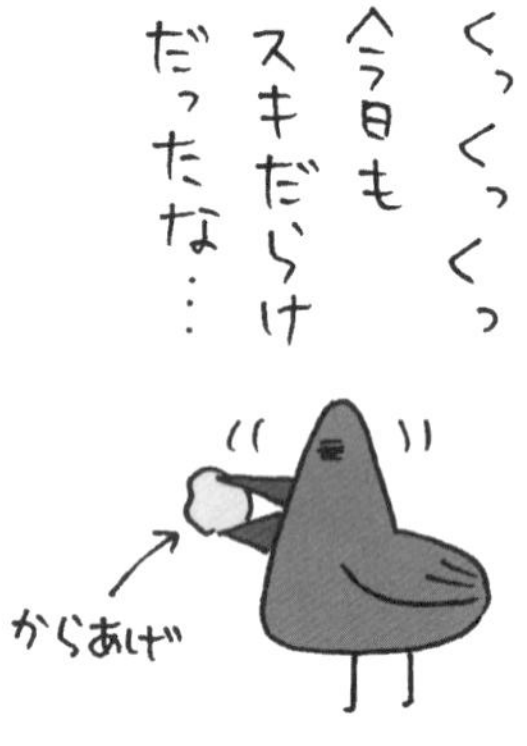
くっくっくっ
今日もスキだらけだったな…
からあげ

A アッ！という間に……

大通公園では、ベンチや噴水の近くでお弁当を食べたり、とうきびワゴンや出店で軽食を買って食べたりする光景をよく見かけます。

いつも不思議に思うのですが、背もたれのないベンチに座るとき、なぜか皆さん同じ方向を向いて座るのです。公園でお弁当を食べるのを楽しみにしているのは人間だけではありません。どのくらいの人が気付いているのかは分かりませんが、ベンチに座っている人たちの後ろにはブトが待機しています。その目的は「横に置いてあるお弁当などを失敬すること」です。

女性グループだと、食べるよりも話に花が咲いてしまい、お弁当への注意がおろそかになります。ブトは、人間がどこを見ているかを把握していて、一瞬の隙を狙って目標物をゲットします。中には、話に夢中になって、取られたことに気付かない人もいます。

話をしながらお弁当に手を伸ばすと……ない！　そして周辺をキョロキョロと探すと、後ろで数羽のブトのご飯になっているのを見て唖然としています。おそらく、みんなが同じ方向を向いて座っていなければ、ブトも人の視線があるのでここまで巧みに失敬することはできないでしょう。

カラスは想像以上に人間の行動を観察しています。大通公園のとうきびはとてもおいしいので、カラスもドバトも大好きです。違いは、ドバトは人からもらえていること。

カラスは、後ろから狙ってゲットするのもいれば、正面で首を伸ばしておねだりポーズ作戦を実行するものもいます。人間の反応はさまざまですが、じっと見つめられていると、相手がカラスでもなんだか食べにくいのか、唐揚げや卵焼きなどのおかずを放ってあげる人も少なくありません。それどころか、わざわざカラスのためにパンをちぎってあげる人もいます。

　札幌市内各所に「餌付け禁止」と書かれた張り紙や看板がありますが、法的に禁止されているわけではないので、強制的にやめさせることは難しく、お願いするしかありません。

　大通公園には、札幌市内の公園では珍しくゴミ箱が設置されています。以前はふたがなかったのですが、現在は付いています。でも、ひもを引っ張るとふたがずれて開くことを学習したようで、カラスたちは中からおいしそうな食べ物をゲットしています。

　食べ物を販売しているのにゴミ箱がないのは不親切ということだと思いますが、家庭ゴミを捨てに来る人も多いようです。そういうゴミをカラスが散らかしたと非難されることもあるので困りものです。

　それはともかく、今度お昼時のベンチの様子を観察してみてください。カラスの賢さと茶目っ気を知ることができます。

Q 36

コンビニ袋が狙われる！

A 元はといえば人間がまいたタネです。

「ベンチでお弁当」の次はコンビニ袋の話です。

数年前から、札幌の円山方面で「コンビニ袋を持って歩くとカラスに狙われる」という情報が寄せられるようになってきました。さっそく観察に行ってみました。確かに、コンビニ袋を持っている人を低空飛行して驚かせていました。特に女性と子どもは、驚いたときに袋を放してしまいます。それを素早くくわえて飛んで行くのです。

「カラスは繁殖期以外に人を襲わないと聞いていたのに襲われた」という人もいます。確かに一見襲われているように見えるのですが、実は違います。繁殖期に狙われるのは主に男性で、高齢になればなるほど襲われる率が高くなります。でもコンビニ袋で狙うのは女性と子ども。男性に対しても低空飛行を仕掛けるのですが、ほとんどがビックリするだけで、袋を手放すほどではありませんでした。

では、なぜカラスはコンビニ袋を持っている人を狙うようになったのでしょうか？

答えは意外と簡単でした。カラスなどの野鳥に食べ物をあげる人は、たいていコンビニ袋から取り出します。そこから「コンビニ袋＝食べ物が入っている」と学習したわけです。つまり、人間の餌付け行為に始まり、カラスがいろいろな人を狙っているうちに、女性と子どもへの成功率が高いことを学んだのだと思います。

円山動物園や円山公園での被害がとても多

いということで、私も取材を受けました。円山公園での餌付けは昔からありましたが、人を狙うようになったのは近くにコンビニができてからです。コンビニの前にベンチが設置されていて、そこで食べている人が寄ってくるカラスや野鳥に餌付けを始めました。それがきっかけで、コンビニから出てくる人をマークするようになりました。

私も試しにそのコンビニでパンを買ってみました。店を出ると、さっそくブトが2羽で低空飛行してきて足元にとまりました。私はもちろん驚きません。ブトは不思議そうに私を見上げていました。そして私には通用しないと思ったのでしょう、そのまま飛んで行ってしまいました。そこでの観察によって、人を狙っているカラスは幼鳥ではなくて熟練された成鳥であることも分かりました。やはりこうした高度なチャレンジは、経験のあるカラスでなくてはできないことなのでしょう。

動物園では、人を狙うカラスを捕獲しようと、施設内に捕獲トラップ（大きな檻のようなもの）を設置しました。私の観察では、コンビニ袋を持った人を狙うのはブトだけです。罪のないボソがワナにかかっても無条件で放鳥してもらうように動物園側に要請しましたが、結局はトラップにかかるカラスはいなかったようです。園内や周辺には食べ物がたくさんあるので、怪しげな捕獲トラップに入る必要がなかったのでしょう。

Q 37

巣、発見！

A そこにすんでいるんじゃないの？

葉が落ちる秋になると、公園や街路樹などのカラスの古巣が見えてきます。すると役所には「巣にカラスがすむから撤去してくれ」という苦情が入ります。巣は芽吹き前にもあったはずなのですが、不思議と落葉してからの方が人の目につきやすいようです。中には「せっかく教えてやったのに何もしないのか?」と苦情を言う人もいます。

前述したように、秋になると若ガラス集団がやって来て古巣に入ったり壊したりするので、目立つのかもしれません。でも、これも前に書いたとおりカラスは巣にすんでいるわけではないので、いま古巣を取ってもあまり意味はありません。

カラスが人を狙うのは繁殖期のわずかな期間ですが、巣はカラスの縄張り内にあり、たとえ古巣であっても、カラスにとっては面白いことではありません。取られたら威嚇鳴きくらいはあるでしょう。人間に例えると、庭木を勝手に切られるようなものです。

環境省などのホームページを見ると「カラスの古巣は許可なく誰でも取れます」となっていますが、古巣であっても、取るか取らないかはその土地の管理者の権限なので、勝手には取れません。場合によっては不法侵入や器物損壊などに問われますのでご用心です。

では、すでに抱卵していたり雛がいたりする巣の場合はどうでしょうか。この場合は行政であっても無許可では取れません。

カラスに限らずすべての野生動物は「鳥獣

の保護及び管理並びに狩猟の適正化に関する法律」、略して「鳥獣保護法」の対象です。許可なく卵や雛を捕獲したりすることは、この法律で禁止されています。ですから私は、巣の違法撤去を発見した場合は警察に通報しています。

警察では「現行犯じゃないと逮捕できない」と言われますが、だからといって違法撤去を放っておくわけにはいきません。通報して記録に残してもらいます。こうしてコツコツと積み重ねていくことが大事です。違法撤去が集中するエリアなどでは警察もある程度動いてくれます。周辺をパトロールしてくれるだけで抑止効果があるのです。

巣を撤去すれば一時的には効果があるかもしれませんが、人間に手出しをされると、早い時期から威嚇行動が始まってしまいます。

カラスは害虫を食べるなど、都会の生態系を守るうえで大事な役割を担っています。野生動物の生息環境を人間が簡単に操作していいと考えるのは、無知による行為だと言うほかありません。

Q 38

黄色いゴミ袋は中身が見えない!?

A あまり効果的とは言えません。

カラスが嫌われる理由の多くに挙げられるのが「ゴミを散らかす」ではないでしょうか。確かにカラスが住宅街などのゴミステーションに集まって「大宴会」を開いている姿を見かけます。この光景だけを見ると「カラスってゴミを散らかす迷惑者だ！」と言われてしまうのも無理はありません。

でも、本当にそうなのでしょうか？ カラスとゴミについて、少し掘り下げて考えてみたいと思います。

私が幼稚園に通う前は、ゴミ回収車が合図の曲を鳴らしながら、近所までやってきていました。その曲が聞こえてきたら、ゴミが入っているバケツを持って外へ出て行き、係の人にバケツを空けてもらうという仕組みでした。母と一緒に、なんだかうれしい気分でバケツを持って行った記憶があります。

当時は、ゴミの排出量に応じて手数料を払う仕組みで、どこの家庭でも生ゴミは庭の隅に埋めるのが当たり前でした。カラスが突っついて食べていた記憶もありますが、特にだれも気にはしていなかったと思います。

その後、手数料がなくなり黒いゴミ袋が登場し、燃やせないゴミ（缶類など）の分別が始まりました。

黒いゴミ袋が廃止になり、中身が見える半透明のものに代わったころから、カラスがゴミを散らかすことが増えていきました。カラスにしてみたら、生ゴミとそうでないゴミが一目瞭然なわけですから願ったりかなったりだったでしょう。

全国的にもゴミとカラス問題がクローズアップされていき、カラス撃退グッズの登場もこのころが一番多かったと思います。

磁石、リボン、CD、キラキラテープ、目玉模様の風船などなど実にさまざまですが、結局はどれも効果が長続きしませんでした。

「生ゴミを新聞紙に包んで捨てるとよい」と言われ、実行されていたこともありますが、これも「新聞紙に包まれた塊を突っつけば食べ物が出てくる」とカラスに学習され、あえなく敗退しました。

そして、のちに都市伝説にもなった「黄色いゴミ袋」が登場するわけです。カラスは紫外線（UV）領域まで見ることができるので、「紫外線をカットすれば見えにくくなるだろう」ということで、UVを吸収する素材の袋が開発されました。その効果を一番発揮した色が黄色だったということです。

でも、UV効果でぼんやりして見えにくくなるというだけで、全く見えないというわけではありません。それなのに、「黄色＝カラスには見えない」とか「カラスは黄色が嫌い」という説が独り歩きしてしまいました。カラスにしてみれば、最初は戸惑いつつも、ぼんやりしているものを突っつくと食べ物が出てくると学習するわけですから、元の木阿弥です。

ではどうすればいいのでしょうか。

カラスは食べ物を目で探します。要するに、物理的・視覚的に遮断すれば、ゴミを荒らされずにすむのです。

一番簡単で費用もかからないのは「ゴミをブルーシートなどで覆い、めくられないようにレンガなどで重しをする」という方法です。こうすれば、目当てのゴミに到達できなくなるので、カラスは来なくなります。

目の細かいネットに巻きつけたポールが重し代わりになる

Q 39

カラスに襲われた！

A 神経質になる時期は繁殖期だけ。刺激しないよう工夫を。

6月に入ると、繁殖期に入ったカラスについての相談が急増します。一番多いのは雛の保護で、次に多いのが「公園などに巣があって襲われる」というものです。

カラスは「黒くて大きくて怖い」というイメージが強く、さらに繁殖期になると人に体当たりまでしてくるわけですから、余計に怖い鳥だと思われてしまいます。何とか攻撃をかわしたい、この場からいなくなってほしいと願うのは無理もありません。

ただ、「カラスに枝や石を投げつける」とか「巣や営巣木に向かって大声で怒鳴る」というのはいかがなものでしょう。人間の言葉が理解できない野生動物を相手に、石や枝を投げつけながら罵声を浴びせても効果がないことは言うまでもありません。

雛が大きくなって巣立ちが始まると親はますます神経質になるので、攻撃対象になっている人が近づいてくるだけで威嚇が始まります。そのため最初から棒や枝などを持って巣のそばにやってくる人もいます。

実際にカラスに棒や石を投げつけても、当たる確率はほぼゼロです。相手は飛べるわけだし、目も良く動きも機敏です。そうでなければ、そもそも人間に攻撃などしてこないでしょう。

カラスが人間を攻撃するのは、人間が怖い存在だからなのです。カラスが縄張り内にいるスズメに向かって低空飛行や蹴りを入れることはありません。それは、カラスの方が圧

ニート君ものがたり③

かわいいカラスと友達になった
カワイイ大好き♡
人気あるなぁ
ごめんね
オ、オレとつきあってください！
プレゼント
バサ
バサ
終わった…
ポロッ
せめて肉とかあるでしょ
あ～あ～デリカシーないんだから

倒的に強いからです。最初から勝負がついている相手に労力を費やすようなムダな行動を、野生動物はしません。

カラスより力も能力も優れた人間は、カラスとのあつれきを減らすことを考えるべきではないでしょうか。その生態をよく知り、無闇に刺激せずに見守ってほしいと思います。

Q40

威嚇に備える！

A ①傘を差す　②腕を上げる

九州と北海道ではカラスの巣立ち時期に2カ月以上の差があり、桜前線と同じように、カラスの「巣立ち前線」があります。また西日本にはボソが多いといわれます。人を狙うのはブトが多いため、ブトの多い東京以北は威嚇問題も多いと思われます。

カラスも、P145のような順番で人に警告を発してくれると分かりやすいのですが、例外も多く、歩いていて突然、何の前触れもなく頭を蹴られる場合も少なくありません。カラスはだれかに攻撃されてヒートアップしてしまうと落ち着くまでにかなりの時間を要しますので、そんな時に運悪く出くわすと、「八つ当たり」されてしまうわけです。人間がカラスに手出しをしなければ、こうした八つ当たりも起きません。

では、カラスに襲われないようにするにはどうすればよいのでしょうか。対抗して石や枝を投げつける、巣のある木を蹴飛ばすなどが考えられますが、これらも攻撃をエスカレートさせるだけです。予防として、次の対策が有効です。

●傘を差す↓顔も頭もガードでき、カラスが蹴ってきてもケガをする心配がない。

●腕をまっすぐに上げて動かさない↓カラスは後ろから蹴ろうと飛んできます。腕が上がった状態で後頭部を蹴ろうとすると翼が腕にぶつかりカラス自身がケガをする可能性が高いので、腕の上を飛ぶしかなくなり、蹴られずに済むというわけです。

ただ、巣立ちシーズンに傘を毎日持ち歩くのは非現実的です。女性なら日傘を利用している人も多いのでいいのですが。雨の日はみなさん傘を差しているので、カラスに低空飛行をされていても気付かないことが多いです。

やはり腕を上げるのが一番簡単です。腕を上げた時に振り回してしまうと、カラスは「攻撃された」と勘違いしてしまうので、腕を上げたまま、動かさずに静かに立ち去ることが大切です。傘を差すのも腕を上げるのも、あくまでも防御策であり、これによってカラスが近寄ってこないというわけではありません。

では、そもそも襲われないようにするためにはどうすればよいのでしょうか?

巣立ちシーズンの5月下旬から7月上旬まででは、巣がそこにあることが分かっていれば通らないようにするとか、変な鳴き方をしているなと思ったら、道を迂回するのがよいでしょう。

最近では、自治体などの管理者が注意喚起の看板を設置するようになり、注意を促しています。その看板にも回避の方法が示されるようになってきました。

場所にもよりますが、一時的にロープ柵をして人を近づけないという方法も効果的です。しかしロープ柵を張ると「カラスのために人間が通れないのはおかしい」という苦情が出てきます。実際にはカラスのためではなく、「カラスの攻撃から人を守るため」なのですが。

カラスは野生動物ですから、その行動原理によって行動しているにすぎません。野生動物の本能を人間がコントロールすることは不可能です。カラスより高度な脳を持つ人間が、知恵を使って自己防衛をするのが最善策です。

「帽子をかぶる」というのが、昔からカラスの攻撃から身を守る方法として示されていますが、帽子をかぶっていても蹴られます。でも帽子をかぶっていれば、蹴られてケガをする心配はありません。

カラスの爪は猛禽類ほど鋭くはありませんが、人間の頭皮は薄く、万一爪が刺さると、一時的に結構な量の出血が起こります。出血すると、私たちはパニックになります。そして数日間は、傷が腫れて痛みが残ります。

インターネットなどで調べるとカラス撃退グッズがたくさん出てきますが、これらはほとんど効果がないと思ってください。鏡のように光を反射させるものを帽子の後ろに付けている人もいますが同様です。カラスが人を狙うのは、我が子を守るための決死の行為なのですから。

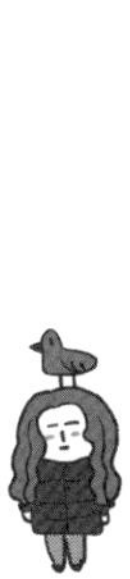

Q 41

餌付けをしている人がいます！

A 基本的にはＮＧですが、都会で生きる野生動物にとって必要な知恵でもあります。

カラスに限らず、野鳥にパンなどの食べ物をあげる人は案外たくさんいます。特に池などがある公園では、マガモ目当ての人が多いようです。マガモがパンを喜んで食べる様子を見ると気分が良くなるからでしょうか。スズメ、ドバト、ヒヨドリなど身近な野鳥のほとんどが、パンを喜んで食べています。

もちろんカラスもパンが大好きです。しかし、スズメなどに食べ物を与えている人のほとんどは、近づいてくるカラスに向かって枝を振り回したり石を投げつけたりして追い払おうとします。

カラスにだけはパンを食べられたくないのでしょうか？「カラスは害鳥だから食べ物をやる必要はない」という人もいます。害鳥とは鳥獣保護法によって捕獲が認められている「有害鳥獣」のことだと思いますが、カラスと同様、スズメやマガモなども有害鳥獣に指定されているのです。結局は、見た目と人間に対する行動によって差をつけているにすぎません。

では、カラスに食べ物をやってもいいのでしょうか？ 基本的に野生動物への餌付けは良くありません。ただ、「人馴れする」「自力で食べ物を探せなくなる」「太る」「警戒心が薄れる」というような理由は、どれも科学的な根拠は薄いと思います。

都市公園のような人に近い場所では、人馴れは生きるうえで必要なことだと思います。カラスで問題になるのは、学習が進むことによって、子どもや女性を驚かせて食べ物を奪う方法を身につけてしまうことです。

「餌付け」には、意図した餌付けと意図していない餌付けがあります。意図した餌付けとは、自らの意思であげている場合を指します。ショッピングカートなどに大量のパンを持って来てまいてしまうのがそうですね。それが日課になっている人を見ていると、野鳥のためというより自分のための行為に見えてしまいます。些細なことでは、公園のベンチでお弁当を食べていたらカラスが近寄ってきたのでおかずをやるというのも同じです。

では、意図していない餌付けとは何でしょうか？　例えば家庭菜園などで実が付く作物に集まってくる場合や、実のなる街路樹です。つまり餌付けとは、野生動物が普段いない場所に過剰に引き寄せてしまうことなのです。

カラスの場合、食べ物をくれる人を記憶していますから、その人が登場するとどこからともなく集まってきて食べ物をもらい、その場を去ります。同じようにドバトも集まるのですが、カラスとの大きな違いは、ドバトはその場で待機してしまうため糞害につながりやすいことです。カラスが集団で待機することはあまりありません。

「自力で食べ物を探せなくなる」「太る」「警戒心が薄れる」という説はどうでしょうか。人が一日に与えられる食べ物の量はたかが知れていますから、それだけで一生暮らせるはずはありません。野鳥からすれば、もらえる時にもらっているにすぎず、警戒心が薄れることもありません。

また、野生動物は基本的に太りません。特に鳥の場合は、消費するエネルギーが大きいので太る心配はありません。太るのは、人間と飼育されているペットだけと言っていいでしょう。

ニート君ものがたり④

Q 42

犬の散歩についてくる！

A 飼い主ではなく犬についてきます。

犬の散歩にドッグフードやビーフジャーキーなどのおやつを持参する人は多いですね。そんなおやつが、カラスに狙われているかもしれません。

カラスが犬の散歩についてくる理由は「犬のおやつをもらう」「犬をからかって遊ぶ」というのが代表的。カラスに一度おやつをあげると、やった本人は忘れていてもカラスは覚えていて、あとを追っておねだりをします。された方は嫌がって追い払う人もいますが。

犬のおやつはカラスも大好きです。生ものと違って保存がきくので、貯食にも最適なのです。私は、地面からドッグフードを取り出して食べているところを何度も見ています。

繁殖期の威嚇の時もそうですが、おやつをくれる飼い主を完全に識別できているわけではなく、むしろ犬の方を記憶しているのではないかと思います。例えば、柴犬を連れている人が毎日おやつをあげていると、柴犬を見つけるとあとを追ってアピールを始めます。それに反応がないと、「あっ、違ったか」と気づくわけです。

「犬の散歩の時にカラスについて来られたり、頭を軽くポンと蹴られたりする」という相談を受けることがあります。これは、カラスがいつもの人かどうかを確認しているのでしょう。しかし身に覚えのない人だと「襲われた」と思ってしまいますね。一通り説明すると、「なるほど、そういうわけだったんですね」と納得してもらえます。

犬はカラスのちょうどいい遊び相手でもあります。犬はリードにつながれていて、ジャンプ力もそれほどありません。それを知っているカラスは犬に近寄って行き、尻尾を引っ張ってからかうのです。犬も怒って追い払おうとするのですが、カラスはすかさず飛び上がります。これが面白いようで、何度も近寄ってはからかいます。保温性が高い犬の毛を巣材にするという目的もあり、地面に落ちている毛をせっせと拾う姿もよく見ます。

　ところが、猫の場合は違います。威嚇体勢になって低空飛行を仕掛けたり、蹴ったりして攻撃します。猫は犬と違ってジャンプ力もあり、木登りもできます。都会のカラスにとって、猫は天敵なのです。時々、猫にリードを付けて散歩している人がいます。するとカラスが大騒ぎを始めて、飼い主の周りに集まります。飼い主は一体何が起こったのか分からず、ただただ驚いています。怖くてその場にしゃがみこんでしまう人もいます。カラスにとってはノラ猫も飼い猫も区別はありません。猫を散歩に連れ出す時はご用心ください。

Q43

猫に食べられた！

A たかが猫と侮ってはいけません。

犬も猫も、人間とは長い付き合いの歴史を持つ伴侶動物と言えるでしょう。私も22歳のメス猫を飼っています。

猫のような肉食獣の獲物はもともと鳥類や草食獣です。現代の都会ではカラスが猫の獲物にされることが多いのです。本来なら家の中にいるはずの猫が人間の都合で捨てられて、野生化とまではいかないまでも外暮らしに順応して、野鳥や、人間が捨てた食べ物を食べています。もちろんネズミも捕りますが、街なかでは猫よりもカラスの方がネズミを多く捕っているのではないかと思います。

ネコ科の動物といえばトラやライオンが浮かびますが、街なかにいるネコ科動物は猫だけ。カラスも多くの鳥の雛を捕食しますが、猫はカラスを捕食します。猫が捕食する鳥はカラスだけではなく、山野の鳥なら何でも捕食しています。

繁殖期のカラスに猫が近付こうものなら、何羽も集まってきて大騒ぎをして、猫の姿が見えなくなるまで追い回し、低空飛行をして命がけで蹴りを入れています。さすがに猫に蹴りを入れられるのはベテランの成鳥だけです。

同じカラスでも、ボソの場合、頭をブトのように膨らませて低空飛行をし、最高レベルの怒りを表しますが、蹴りを入れるほどの勇気はないようです。

たかが猫と思うかもしれませんが、機敏なジャンプ力と音を立てずに忍び寄れる肉球によって器用に獲物を捕食するため油断はできません。成鳥なら逃げ切れますが、巣立ったばかりの雛だと、猫が天敵だということも知らないので、あっという間に捕食されてしまいます。親も、巣立ち直後だと雌雄どちらかが残って見守るのですが、雛数が多いと目が行き届かない場合もあります。

雛も、樹上にいる分にはまだ危険は少ないのですが、地面にいると猫に狙われる確率が高まります。機敏な雛もいれば少々鈍くさい個体もいます。弱肉強食という言葉の通り、猫も元気いっぱいの雛を狙うよりは少々弱っている方が狙いやすいわけです。

カラスは基本的に樹上性の鳥なので、休んだり寝たりする時は樹の上なのですが、雛は平気で地面で寝ていることがよくあります。すると、猫に襲われるほか、「弱っているカラスがいる」と人間によって捕捉される場合もあります。

カラスと猫、そして両種によって捕食されるネズミが共生する街。都会に暮らす生き物たちは、今日もたくましく生きています。

Q44

芝生がはがされてます！

A 目的は地中に潜む幼虫です。

毎年8月から10月頃になると、カラスたちが何やら仕出かすようです。一体なんだというのでしょうか?

春から夏にかけての子育てシーズンには、マスコミにカラスの話題が登場します。取材の案内人は私。カラスの子育てに影響が出ないよう配慮して取材に同行します。

繁殖期の威嚇以外で毎年のように取り上げられるのが「カラスが芝生をはがして困るのですが」というモンダイです。

市民へのインタビューでは、「ひどい」「自然破壊だ」「税金の無駄使い」「憩いの場所を奪われた」などという声が紹介されます。これだけ聞くと、本当にけしからんではありませんか。

でもちょっと待ってください。カラスのこの行動の本当の理由を、どれくらいの人が知っているでしょうか?

カラスは「ゴミばかり食べている」なんて思われていますが、それは正しくありません。カラスの主食は昆虫や植物の種子や実です。カラスたちの行動の裏には、昆虫と芝生の意外な関係があります。

毎年春になると、コガネムシ類が産卵のために芝生に集合して芝生の土中に産卵するのです。初夏には孵化して幼虫が誕生します。コガネムシはカブトムシと同じ仲間で、幼虫の見た目はそっくりです。幼虫は芝生の根を食べて成長し、そのまま越冬するのです。

カラスたちはこの幼虫に目がありません。

ごちそう、どこ？

特に9月以降になると、プリプリに成長した幼虫は動物性たんぱく質の塊になります。これを食べるためには、どうしても芝生をはがしてしまわないといけないわけです。

これがボソだと、嘴が細くて尖っているので、芝生の根の部分をうまく突き刺して幼虫を取り出すことができるのですが、嘴が太いブトにはそれができません。だから、どうにかして芝生をはがして、中に潜んでいる幼虫を食べるしかないのです。

もしカラスが芝生をはがさなければ、根がコガネムシの幼虫に食べられて、芝生は枯れてしまいます。逆に言えば、カラスたちが幼虫を食べてくれることによって、コガネムシによる芝生の食害の拡大を食い止めているとも言えるのです。

さて、芝生をはがす本当の理由が分かったので、今度はちょっとステップアップして芝生はがしのテクニックについてお話しします。

10羽ほどのカラスが円陣を組むように集まって芝生をはがしている光景を目にしたことがありませんか？　よく観察していると、ある発見があります。

この時期は、成鳥とその年生まれの幼鳥が入り混じっています。実際に芝生をはがしているのはほんの数羽で、残りはよだれを流しながら「見学」「修業」をしている状態なのです。

一見、だれにでも芝生ははがせそうですが、上手にはがせるようになるには熟練の技が必要です。成鳥になればその技が身についてきますが、幼鳥の場合は、はがそうとしても根をちぎってしまい、なかなかきれいにははがせません。

カラスの世界は日々修業なのです。

大通公園の芝生をはがすブト

Q 45

やられた！家庭菜園のトマト！

A 早起きは三文の徳。

家庭菜園の楽しみは、収穫の喜びに集約されます。手塩にかけて育てた作物は安全安心で、採れたてのおいしさはまた格別です。でも、おいしくて安全な食べ物を食べたいのは野生動物も同じです。

収穫の時期に増えるのが「食害」の苦情です。食害をするのは野鳥だけでなく、多くの哺乳類も同じ。人間も隣の家の塀から出ているサクランボを失敬することがありますね。

カラスは肉類や油ものを好みますが、野菜はあまり食べません。しかし家庭菜園で作られたトマトやキュウリなどは、みずみずしくてまるで果物のようにおいしいのを分かっていて、人間が起きるより先に、早朝につついてしまうことが多いのです。

「なぜカラスは熟したトマトを見分けられるのか？」と聞かれるのですが、正直なところよく分かりません。カラスは紫外線領域まで見えるので、熟した野菜などの色が違って見えているのかもしれません。

トマトの次に好きなのはスイカやトウモロコシです。トウモロコシはアライグマも好むと言われますが、ほとんどカラスが犯人にされています。トウモロコシはトマトやキュウリと違って皮があります。カラスはその皮を上手にはがして実だけをつつくか、ブトの場合だと根元から折って持って行ってしまいます。

スイカはもっと食べやすいので、食べられたくなければハウス栽培にするしかありません。新鮮な野菜ではナスも食べます。

夏に実が付く作物は、手が届く範囲は人間が食べて、上の方はカラスが食べるというお宅もあるでしょう。お花見シーズンにきれいな花を見せてくれたヤマザクラなどは、初夏に紫色の実をつけておいしそうに見えますが、実際には渋みが強くて人間が食べるには不向きです。

収穫後の畑にはニンジンやカボチャの残骸が残されていて、それをお目当てにカラスがたくさん集まります。ボソが多く、秋はミヤマガラスやコクマルガラスも見られます。

私が思うに、人間も見た目で熟しているかどうかが分かるということは、カラスにもそれが分かって不思議ではありません。カラスの方が朝の行動開始が断然早いので、人間が「明日の朝、もぎたてのトマトを食べましょう」なんて思っていても、先につつかれてしまうというわけです。

本当に食べられたくなければ、ネットなどをかぶせて守るしかありませんが、そうすると今度は手入れが大変になります。昔なら当たり前のように案山子《かかし》を立てていましたが、効果があるのはせいぜい数日でしょう。

以前、私が出演したテレビ番組で、いろいろな案山子を作って置いてみるという実験をしました。動く案山子ならある程度の効果が期待できますが、やはり慣れてしまえば同じだと思います。

Q 46

ケガをしたカラスが落ちています！

A 保護は難しい。けれど放っておけない……

雛の巣立ちや威嚇行動が一息つくころ、次に増えてくるのは「けがをしたカラスがいたので放っておけなくて保護したのだけど、役所も動物園も動物病院もまったく相手にしてくれない。どうしたらいいですか？」という相談です。困り果てて、ネット検索で私が主宰する「NPO法人札幌カラス研究会」のホームページを見つけたという方が実に多いのです。

札幌に限らず、日本全国の自治体でカラスを手厚く保護してくれるところはまずないと思っていいでしょう。自治体によっては鳥獣保護員が保護してくれる場合もあるようですが、きわめて少ないのが実情です。

では、なぜカラスは保護してもらえないのでしょうか？　行政は法律に基づくことしかできません。カラスは「有害鳥獣」と「狩猟鳥獣」の両方に指定されており、すでに税金を使って殺処分しているのだから、そのうえ税金を使って保護はしないという考え方なのです。

担当者個人が「保護してあげたい」と思っても、それをしてしまうと後々問題になるでしょう。でも、身近にいるスズメやマガモなどもカラスと同様に「有害鳥獣」などに指定されているのですが、保護される場合が多いのは不思議です。

基本的に野鳥の飼育は許されませんが、けがをしている鳥を見つけて保護する人はたくさんいます。スズメくらいの小鳥類なら普通の鳥かごで十分ですが、カラスになると猫用のケージが必要になります。けがの程度にもよりますが、段ボール箱の中で保護を続けるのは難しいと思います。

　私は保護相談を受けた際に「最後までご自身で面倒を見て、リハビリが終わったら放鳥する」「放鳥が不可能なら一生リハビリに専念する、もしくは今すぐ見つけた場所に戻す」などいくつかの選択肢を伝えます。いずれにしても、カラスを保護・飼育するのは簡単なことではありません。

　仮に一生リハビリに専念するとした場合、カラスを診察してくれる病院を探すという非常に困難な問題に直面します。やはり獣医師に診断してもらわないと、どこがどう悪いのかも分からないのですが、引き受ける獣医師はほとんどいないというのが実情です。それではリハビリもうまくいかないでしょう。

「野生動物の命を、人間の気まぐれで助けたり殺したりしていいのか」という専門家もいますが、実際に保護して困っている人を無視することはできません。カラスのような大型鳥類を保護する人は、ある程度の覚悟はできているので、相談の結果、捨てに行くという人はほとんどいません。

　カラスに限らず、野鳥保護に関しては解決が難しい場合がたくさんあります。「法律に従っていればいい」と割り切れないのが人の心なのです。

Q47

カラスも鳥インフルにかかる!?

A 可能性は低いですが、他にもいろいろな病気があります。

野鳥の病気と聞いて真っ先に思い浮かぶのは「高病原性鳥インフルエンザ」でしょう。２００５年ごろから騒ぎが大きくなり、カラスも感染媒体の一つのように言われました。鳥インフルエンザウイルスは渡りでやってくるカモ類が発生源となり、鳥を中心に、まれに人間にも感染する病気です。高病原性鳥インフルエンザに感染しやすいのはキジ類やカモ類などの鳥たちで、カラスが感染する可能性は低いとされています。ではカラスにはどんな病気が多いのでしょうか。

05年ごろに発見された「鳥ポックスウイルス感染症」というカラスの病気があります。それはどういうわけか、その年生まれの幼鳥しか感染しない病気で、羽が生えていない足や嘴、目元などに瘤《こぶ》ができるという症状が見られます。最初は患部が赤くなって出血が起こり、ひどくなると足の指全体に瘤ができて枝にとまることが困難になり、地面に臥《ふ》せてしまいます。幼鳥なのでまだ体の抵抗力も弱く、ウイルスに感染することによりさらに抵抗力が下がり、二次感染を引き起こし死亡するケースも多いです。特に06年から07年にかけては猛威を振るい、死骸も多く見られました。

また、ここ数年10月以降に見られるのが腸炎で、幼鳥を死に至らせます。この時期だけに見られる病気で、春までは続きません。飲食店などで集団食中毒の原因となる「ウェルシュ菌」はその一つです。煮物やカレー、シチューなどで加熱不足により菌が増殖し、下痢や嘔吐などの症状を引き起こします。これとほぼ同じことがカラスの幼鳥にも起こるのです。糞が下痢状になって脱水を起こし、食欲が減退し、胃の中が空の状態で死んでしまいます。人間も食中毒などで嘔吐や下痢が続くと弱っていくのと同じです。もしかすると家庭から出された生ゴミを食べたせいかもしれません。

カラスの病気で最も多いのは「クル病」です。クル病は人間でもかかりますが鳥でもよく見られ、指が丸まって固まったり、翼や嘴が変形するなどの症状が現れます。飛ぶ時に足を踏ん張れずに飛べなくなってしまいます。状態にもよりますが、テーピングで固定してリハビリをしつつ、ビタミン類の投与と日光浴で改善される場合もあります。

クル病に似た厄介な病気が「ペローシス」（腱はずれ）です。足が前後や左右に開いたり裏返しになったりしてまともに立てません。雛は、幼鳥だとまだ骨も関節も柔軟性があるのでテーピングで何とか立てるようになる場合もありますが、成長してしまうと、手術で一度骨折させてから骨をつけ直すという方法しかなく、成功の保証はありません。

なお、北海道の場合は傷病鳥獣指定病院制度があるため基本的には無料で診察してもらえますが、「有害鳥獣は診察しない」という病院が多いのが実情です。

Q48

カラスと仲良くなりたい！

あいつ
美味いもの
くれたら
もっと良いやつ
なんだよなぁ…

A いつもの場所に毎日通いましょう。

「カラスと仲良くなるにはどうすればいいですか？」という声もよく聞かれます。「仲良く」の意味は人それぞれで、手や肩に乗せられるくらい仲良くなりたい人もいれば、ただ近くにいてくれるだけでもとか、おしゃべりしてみたいという人もいます。

一番手っ取り早いのは食べ物を与える、つまり餌付けすることですが、私はおすすめしません。鳴き声や糞害などが他人の迷惑になり、結局はカラスが悪者にされてしまいます。

では、食べ物を与えずに仲良くなれるのでしょうか？　私は毎日、公園など同じ場所へ行き、「おはよう○○君」などと声を掛けています。もちろんカラスが人間の言葉を理解できるはずはありませんが、こちらが敵意を見せなければ、段々「この人は敵じゃない」と認識するようです。やがて、歩いているとそばに飛んできて、鳴いてアピールするようになります。

さらに慣れてくると、後ろから頭をポンと軽く蹴るようなことをしてきます。威嚇行動の場合は相手が縄張りから出ていくまで何度も繰り返しますが、あいさつ代わりの場合は、自分の存在を分からせるために軽くポンと蹴るだけです。もちろんこれは私の経験による考えなので、正しいかどうかは分かりませんが。

仲良しカラスができると、目の前でいろいろな声で鳴いて、時には手が届く距離まで接近してきます。私が公園のベンチに座っていると、気づかないうちにすぐ後ろの背もたれにカラスがとまっていたなんていうこともよくあります。

顔なじみのカラスが増えると、繁殖期に威嚇される回数も減ります。もちろんいくら仲良しになったといっても、繁殖期には刺激しないように配慮は必要です。

私の場合は、仲良しカラスの雛が地面に降りてしまい騒ぎになった場合には、捕まえて樹上へ戻すようにしています。そうすると一時的に私は「ひなを捕まえる悪人」として親ガラスの威嚇の対象になりますが、そのまま無視していれば、1週間ほどで威嚇してこなくなります。

カラスに限らず、野鳥と仲良くなるには自然体が一番です。餌付けをすれば鳥は集まってきますが、それは「食べ物をくれる便利な人」というだけで、食べ物がもらえなければさっさといなくなってしまうでしょう。時間はかかりますが、気長に同じ場所へ通うのがカラスと仲良くなる近道なのです。

あとがき

カラスたちに「ありがとう!!」

近所にある札幌・豊平公園で私がカラスの観察を始めたのは1999年ごろ。ある日、いつも見ていた巣が突然なくなっていることに気付き、市に問い合わせたところ「危険だから撤去しました」という説明。「なぜそんなことを?」という疑問から、都心部の公園などを自転車で見て回り、生態を記録するようになりました。

2012年には、任意団体として立ち上げていた「札幌カラス研究会」を、友人の協力のもとNPO法人化しました。カラスの生態調査と啓蒙活動を中心にしていますが、「カラスを保護して欲しい」という依頼もたくさん舞い込みます。自治体の担当者とも連絡を取り合い、できるだけの対応を心がけています。日々の観察結果は、他の研究者とともに論文にまとめ、日本鳥学会などで発表しています。

威嚇行動など、カラスとのあつれきがこれほど取り上げられるようになったのは比較的最近のことだと思います。私もマスコミの取材をたくさん受けるようになり、カラスたちの行動の理由をできるだけ正しく知ってもらいたいと考えていたところ、北海道新聞社出版センターの仮屋志郎氏から本書執筆の機会をいただきました。

実は執筆期間中、自転車で交通事故に遭いました。幸い打撲だけですみましたが、1週間ぶりにススキノのカラスたちに再会し、「生きていてよかった」と心から思いました。長年にわたり調査に協力してくださった友人知人、話に耳を傾けてくださった行政の方々にも、あらためて御礼申し上げます。

最後になりましたが、拙い原稿に目を通してくださった東京大学名誉教授の樋口広芳先生にも御礼申し上げます。以前「中村さんに記録を取ってもらえたカラスは幸せですね」と言ってくださったことを一生忘れません。

そして、字は読めないけど、札幌のカラスたち、本当にありがとう!!

2017年8月

中村眞樹子

著者略歴

中村眞樹子（なかむら・まきこ）

1965年札幌市生まれ。NPO法人札幌カラス研究会主宰。

子どものころから黒っぽい服装を好み、カラスも気になる存在だった。99年ごろから札幌・豊平公園などでカラスの観察を始め、現在は講演活動のほか自治体への働きかけ、市民からの相談などに対応している。同会ホームページなどインターネット上での情報発信を積極的に行い、メディア出演も多数。地域FM三角山放送局では毎月第1水曜日にゲスト出演を続けている。

編集　仮屋志郎（北海道新聞社）
本文イラスト　玉村あけみ
デザイン・DTP　江畑菜恵（es-design）

なんでそうなの
札幌のカラス

2017年10月25日　初版第1刷発行
2021年2月8日　初版第5刷発行

著者　中村《なかむら》眞樹子《まきこ》
発行者　菅原　淳
発行所　北海道新聞社
〒060-8711　札幌市中央区大通西3丁目6
出版センター（編集）電話011-210-5742
（営業）電話011-210-5744

印刷所　札幌大同印刷

乱丁・落丁本は出版センター（営業）にご連絡くださればお取り換えいたします。

ISBN978-4-89453-878-8